畢竟《ひっきょう》の酒
「義侠」の真実

浅賀祐一

牧野出版

はじめに

『義侠』。

愛知県の西端、岐阜県との県境に位置する現・愛西市日置町にある酒蔵「山忠本家酒造」による日本酒の銘柄。一般的な日本酒ファンよりも、さらに日本酒の世界にのめり込んだ〝日本酒マニア〟の間で神格化されている酒である。

日本酒というカテゴリーにあって、「絶妙なブレンドの熟成酒」という独特のジャンルで日本酒の味わいの奥深さを表現し、通を唸らせる蔵。日本酒がかつてのイメージを超え、華やかな吟醸香で最初の口当たりで評価されがちな傾向にある中、『義侠』はそれとは別次元で評価されている。

蔵の冷蔵庫には一九七七（昭和五二）年醸造のものから現在まで、実に三万本以上のストックが眠っている。精米歩合や米の産地、仕込みの違いなどにより細分化され、商品化を待っているのだ。

出荷数が少なく、取扱店も限られるため、特に限定出荷の高級酒を入手するのは極めて困難。『義侠』が〞幻の酒〟ともいわれる所以である。

年に一回の限定出荷となる『義侠　妙《たへ》』は五年以上熟成させた精米歩合三〇%の中汲みを、『義侠　慶《よろこび》』は三年以上熟成させた精米歩合四〇%の中汲みを、違う醸造年度のものでブレンドした高級酒。もちろん、精米歩合三〇%、四〇%と極限まで米を磨いた高級酒以外、六〇%、七〇%といった値ごろ感あるラインナップでも、『義侠』ならではの丁寧なつくりで米の旨みが見事に表現されている。

『義侠』という酒を一言で言い表すには、どうしても無理がある。各銘柄、各年度、一瓶ごとに語れるストーリーがある。その一瓶でも、抜栓してからの時間経過や飲む際の温度変化により違った表情を見せ、そこに驚きと楽しさと感動がある。

テレビや雑誌など、メディアでの露出は極めて少ない。日本酒マニア向けの特集で紹介されることもあるが、それほど大きな扱いではない。積極的なネットによる仕掛けはもちろん、これといった宣伝活動をしているわけでもない。だから、その名は〞日本酒マニア〟以外にはほとんど知られていないと思う。

いや、一般社会の中で〞ちょっと日本酒に詳しい〟程度の日本酒ファンでも、そのあまりの露出の少なさゆえにスルーされている可能性もある。しかし、『義侠』を醸す蔵、山忠本家酒造は、間違いなく今の日本酒の世界で一つのジャンルを築き、輝きを放っていることだけは確かだ。

音楽の世界でたとえるなら、「大ヒットを連発するミュージシャンが憧れる、無名のアーティスト」。一流が認める無名の存在。それが『義侠』の位置づけだ。

したがって『義侠』を扱っている酒販店、『義侠』がメニューにある飲食店は、それだけでも日本酒マニアにとって〝できる店〟という高い評価をつけられる。

一般的には日本酒どころとしてのイメージがない愛知県にある小さな酒蔵が、なぜ、日本酒の世界でこうした位置にいられるのか――。

山忠本家酒造十代目社長・山田明洋は、つねづねこう言っている。

「俺が旨いと思う酒を目指しているだけだ」

おそらく、どんな〝ものづくり〟に関わっている人でも持つであろう、シンプルな志。

しかし、現実社会の中でそれを貫こうとすると、いくつも妥協しなければならないことがあるのも事実だ。自分がよしとする〝ものづくり〟は、えてして利益を上げることと矛盾する。自己評価と市場の評価が乖離することだってあるし、周囲との軋轢だってあるだろう。

それでも彼がなぜ、誰もが知るような名だたる蔵元や酒販店から慕われ憧れられる存在なのだろうか――。

それを探ることは、〝ものをつくる〟立場として、いや、〝仕事をして生きていく〟いち社会人として、学び取れるものがきっとあるはずだ。小さく無名の組織であっても競争社会を生き残り、輝く存在になれるヒントがあるはずだ。

そういう思いから、山忠本家酒造とその関係者を取材した。

日本酒半可通未満の私が『義侠』について書かせていただくことは、非常に僭越である。「日本酒ライター」の皆さんや「日本酒通」の皆さんや名だたる「グルメ評論家」の方々には本当に申し訳ない話である。古くから『義侠』を愛する人には、「なんも知らん奴が何を言うか」な話かもしれない。

しかし、熱狂的に愛されるこの酒とつくり手の本質に、近づいてみたい誘惑にはかなわない。こうして私の無謀な冒険が始まった。

山忠本家酒造の山田明洋社長と二十数年の知己であり本書のプロデューサーである、名古屋の映像制作会社「メディアジャパン」の宮崎敬士社長に導かれながら、山田社長と関係の深い方々の話を聞く冒険だ。

そこには、〝日本酒〟を愛してやまない人々がいる。『義侠』同様に、日本酒業界でその名を轟かせる人物がいる。そして誰もが、山田社長を「山忠さん」と慕い尊敬しながら、己の道を極めんと精進している。


本書は、『義侠』はもとより、登場する著名な日本酒の味や醸し方についてなどは一切触れない。日本酒通が興味を持つであろうテクニカルな話は残念ながら一切出てこない。それは正直、私程度の日本酒の知識では限界があるからだ。勝手ながら、そのあたりはどうかご海容いただきたい。

だから従来の「日本酒の本」とは書き手もアプローチも違うものになる。

それがこの本を手に取った方の期待に添えるかは別として、少なくとも『義侠』という酒について詳しく触れた最初の本になるだろう。最後までお付き合いいただければ幸いである。

※本文中、取材にご協力いただいた方々の敬称は省略させていただいております（著者）

目次

目次

第三献

「旨い酒をつくる！」蔵元の矜持

畢竟の酒「義侠」の真実

第一献

衝撃の日本酒　『義侠』という酒

『義侠』という酒。その現在の姿をつくった蔵元・山忠本家酒造の山田明洋社長について、まずはそれを扱う酒販店の話を聞いてみた。一般客や飲食店に対して「売る」立場の酒販店にとって、『義侠』はどんな酒なのか。山田明洋というのはどんな人物なのか。

酒のきまた

愛知県一宮市の住宅街にある「酒のきまた」は、日本酒、焼酎、ワインを中心にした品揃えで地元のみならず遠方からの顧客をもつ人気店。『義侠』をはじめ、『蓬莱泉』（関谷酒造）、『醸し人九平次』（萬乗醸造）といった地元愛知県の蔵による銘酒や、『醴泉』（岐阜県・玉泉堂酒造）、『初亀』（静岡県・初亀醸造）、『東一』（佐賀県・五町田酒造）、『黒龍』（福井県・黒龍酒造）など、全国の地酒マニアを魅了する酒を豊富に取り揃えている。

店舗奥にある十二畳以上はありそうな冷蔵室を覗けば、そこはもう日本酒マニアのワンダーランド。真夏でも常に五℃前後とキンキンに冷えた庫内にマニア垂涎の酒が眠っている。真夏の薄着では、入った瞬間は気持ちいいがすぐに体が冷えてしまい、長居するには厚手の防寒着が必要だ。

そんな「酒のきまた」の社長・木全《きまた》辰夫は、『義侠』についてこう語っている。

「一言でいえば、唯一無二の酒、といったところでしょうか。つくり手のパワーが現れています。もっとも、どの蔵のみなさんも、情熱をもってつくられているわけですけれど、義侠の酒には特にそれが色濃く表れていると思うんです。私の贔屓目かもしれないけれど」

木全辰夫が実家の酒店を継ぐ決意の元、修業を終えて「酒のきまた」に帰ったのは一九八九（平成一）年。いわゆる〝町の酒屋さん〟にとって厳しい時期になっていて、従来の方針のままでは先細りになることは見えていた。

消費者の生活習慣、飲酒指向が変わり、多くの酒販店がコンビニエンスストアにシフトしていこうという流れができてきた時期でもあった。

その流れに反し、地域に密着した酒販店として新しい何か、特徴ある店づくりを目指した木全は、元々はワイン好きだったこともあって、ワイン中心の商売を考えていた。しかし、地方都市の小さな酒店にとって、ワインの仕入れと販売は思ったよりも厳しい現実があった。

「店の方向性について悩んでいたある時、日本酒を飲んでいて、これは旨いなぁ、と。で、日本酒の方向に舵を切ったんです。最初は行きましたよ、当時は新潟の酒が全盛で『八海山』とか『久保田』とか。日本酒のことはよくわからないから、やっぱり人気の銘柄に行くわけです。でも、なかなか新参者には敷居が高くて、ことごとくうまくいかない。そんな時、ある蔵の方が、『愛知県にサケハウスさんという酒屋さんがあるから、そこに行って勉強してみたら』と紹介してくださったんです」

愛知県あま市七宝町にある「地酒屋　サケハウス」については、のちほど登場してもらうことになるが、社長の清原芳房は『義侠』を木全に引き合わせた人物。木全にとって〝日本酒の師匠〟的位置づけに当たる存在だ。早くから地酒の実力に目をつけ、地元愛知県の酒『義侠』を取り扱うほか、飲食店への啓蒙にも努めてきた。

その清原が中心になってやっている日本酒の勉強会に参加することになった木全は、大吟醸の回で『義侠』の『慶《よろこび》』を口にして、衝撃を受ける。

「これは凄い酒だ！　死ぬほど旨い。大当たりだ！」

ずらりと銘酒が並ぶ中、木全にとって「これはずっと飲み続けられる酒、飲み続けていたくなる酒」という、これまで出会ったことのないタイプの不思議な魔力を秘めた酒。それが、『義侠　慶』だった。

木全は清原から「興味があるなら」と、『義侠』の蔵・山忠本家酒造の連絡先を聞き、すぐに電話。山忠本家酒造・山田明洋を妻と二人で訪問することになる。初めて『義侠』

を口にして、わずか数日後のことだった。

まずは挨拶のみ。山田に「今度はあなた一人で来なさいよ」と帰される。改めて二か月後、木全一人で山田を訪れると、これまで飲んだ酒、出向いた蔵などを聞かれ、それらについて「ケチョンケチョンに言われて」また帰された。ただし、一年後の面接の約束は取り付ける。この時山田は、木全に宿題を出したのだった。

「最低月に三つの蔵を見て回れ。だいたい蔵の前に立っただけでどんな酒なのかわかるようになるまで、いろんな蔵を回ってこい！」

木全は時間を作ってはひたすら各地の酒蔵を訪問した。そして一年間で三十以上の蔵を巡り、「わかったわけではないけれど入り口には立てたかな」という段階で、改めて山忠本家酒造を訪れる。

「ちょっと雰囲気が変わったな。どことどこ、回ってきた?」

一年間かけて〝宿題〟をクリアして現れた木全を、眼光鋭く品定めするかのような山田。木全は恐る恐る、自分が訪問してきた蔵の名を挙げ、それぞれの感想を述べた。しかし、話は前回より弾んだものの、またも一年後の面接の約束を取り付けて帰ることになった。

一年、そしてまた一年。三年経った一九九六（平成八）年八月、ようやく木全に取引の

〝許し〟が出る。「まだ早いけどな」の一言付きではあったものの、晴れて「酒のきまた」の冷蔵庫に『義侠』が並ぶことになったのだ。自分が旨いと思い、自信をもって客に売りたい酒。それを店に置くための努力が結実した瞬間だ。

「今では笑い話ですけどね。店やんなきゃいけないかたわら、あちこちの蔵巡りは、正直しんどかったですよ。でも、楽しかった。いろんな蔵元さんに出会えたし、勉強になったことは山ほどあります。ワインと違って酒蔵は国内にありますからね、ちょっと足を伸ばせば行けるし、いろいろ話が聞ける。そこがいいですよね」

蔵元が、取引を望む酒店を面接し、ダメ出しをし、取引開始までには何年もかかる――木全は、この事実に驚きながらも、初めて出会った『義侠　慶』の衝撃が忘れられずに山田の面接にトライし続けた。

「山忠さんの『出直して来い！』は、『また来いよ』って言ってくれているのと同じだと思えたんです。不思議と。だから僕は三年間通ったし、そうやって『義侠』を扱えるようになったことは、ある意味誇りでもあります」

一般的な〝商売〟の感覚として、メーカーは製品をアピールし、問屋なり小売店なりを介して消費者に多数購入してもらうことで利益を得る。だから、「取引がしたい」と言ってくる小売店には「喜んで」注文書を渡すものだというのが、ほとんどの方のイメージだろう。実際、木全が見て回ってきた蔵には、「見学」と言って訪れたにもかかわらずいいそと注文書を持ってくる蔵も少なくなかったそうだ。

木全が、『義侠』を〃唯一無二〃と称し、愛する最大の要素。それは最初に出会った「これまで出会ったことのない衝撃の旨さ」であり、なんと言っても蔵元・山田明洋の人柄がそれをつくっている。

「一言で言えば、〃おやじ〃。〃お父さん〃じゃなくて。一見、口が悪いし、実際初めてお会いした時は怖かったけど、実は繊細で、優しいんですよ。ズバズバと厳しいことを言うけれども、見守ってくれているのが伝わるんです。そうやって、何かを気づかせてくれる、目を覚まさせてくれる、〃おやじ〃です」

実際に消費者と対峙する小売店が、その反応などを吸収してメーカーに意見するケースはどの業界にもある。しかし、酒店に対して厳しく接し、指導し、育てるという姿勢をはっきりと実行しているのは〃山忠さん〃山田明洋だけだろう。

冒頭の質問、『義侠』とはどんな酒なのか?」という問いに対して、木全はこうも語っている。

「味について問われたら、旨いとか、凄い、としか表現しようがありません。ただ、間違いなく言えることは、『義侠』は日本酒だけじゃなく、いろんなお酒の世界を知っているエキスパートが選ぶ酒だと思います。いち酒屋の主人としては、好きな人に薦めたいお酒。いち飲み手としては、何かあった時、ハレの日にこそ飲みたいお酒です。実際、特に気合の入るときは三〇％精米の純米大吟醸『義侠　妙』を開けます」

リカーワールド21　シバタ

名古屋駅を降り立ち、五分ほど歩いて高層ビル群を抜けると、低層のオフィスビルが並ぶ風景に。この、どこかほっとするようなエリアに〝町の酒屋さん〟の風情を残す「リカーワールド21　シバタ」がある。名古屋の日本酒ファンには有名なほか、ビジネスマンがここぞという時の手土産に持参する日本酒を買いに来たり、噂を聞きつけた出張族が名古屋出張のついでに立ち寄ったり……。

店に入ると、一見、酒店がコンビニに方向転換したようなたたずまいだが、階段を上がると雰囲気は一変。そこは日本酒、焼酎や酒器なども扱う酒売り場。大きなガラスケースの冷蔵庫には『義侠』、『蓬莱泉』、『黒龍』、『初亀』……、『王祿』（島根県・王祿酒造）や『東洋美人』（山口県・澄川酒造場）、『明鏡止水』（長野県・大澤酒造）、『美丈夫』（高知県・濵川商店）などの銘酒が並ぶ。

店を切り盛りする柴田正吾が『義侠』と出会ったのは、一九九四（平成六）年九月。前項の「酒のきまた」木全辰夫と一緒に参加した、兵庫県東条町（現・加東市東条地域）での「山田錦」稲刈りのイベント。最もすぐれた酒造好適米である山田錦の中でも特別上質な〃特A地区〃指定の東条産山田錦の、田植えから稲刈りまでを、蔵元や酒販店が体感するというイベントで、その仕掛け人は『義侠』の山田明洋だった。

「仕掛け人が山忠さんとも知らずに、興味本位で参加したんです。で、稲刈りのあとの打ち上げで飲んだ『縁《えにし》』が『義侠』初体験でした。ああいう場所だから、冷えた状態で出てきたわけじゃない、だけどそれまで飲んだことのない味わいに衝撃を受けました。当時はキレイで香りあってという〃淡麗辛口〃が主流でしたが、『えにし』はその真逆を行く酒で。とにかく抜群に旨かった」

ラベルを見たら地元・愛知県の蔵。「こういう酒を取り扱いたい！」と思った柴田は、すぐに山忠本家酒造に電話した。山忠本家酒造では、新規取り扱いを希望する酒販店の面接を年に一回行っていて、「次の面接日が決まったら連絡するので待つように」との指示があった。そして次の面接時期は、翌年の夏以降だった。

「それで一年近く待って、行ってみたらもう、ケチョンケチョンですわ（笑）」

山田社長と佳代子夫人が部屋にいて、挨拶を済ませ、佳代子がお茶を入れに席を立つと山田は開口一番、「おぬしか」。柴田は山田の底知れぬ迫力と威圧感に、緊張のあまり全身に汗をにじませながら、商売の様子、日本酒の取り扱い品目や構成、売り上げ事情などについて聞かれるままに語った。しばらくそれを聞いていた山田は、こう語ったという。

「一刻も早く酒屋をやめろ。それがおぬしのためだ」

呆気にとられた柴田は、目が点。しかし、そこにあったのは「なんだこの野郎」という怒りではなく、「なんてこと言うんだこの人は」という驚き。同時に、徐々に冷静になっていく自分を感じたという。

高校を卒業し、酒販店を継ぐこと目指し、デパートに勤務後、酒販店の跡継ぎが通う「酒有連大学」に入学し、卒業後は地方修業。従来の酒販店のやり方では生き残れないと品揃えから模索していた柴田。彼にとって、山田の厳しい言葉は、むしろ励ましにさえ聞こえた。

「酒屋としてやっていこうというつもりでいるのに、何を言っているんだ? と。でも、希望には満ちていたけれど地酒で生きるにはまだ何も足りていなかった。裏を返せば、『覚悟を決めて、急げよ』という意味だと受け止めました。それはお付き合いさせていただき学ばせていただく中で、だんだんはっきりしてきました」

けんもほろろ、どころか「やめろ」とまで言われた柴田は、次の面接までにはなんとか山田に語れる実績を示そうと苦闘する。地元の飲食店を回り、自分の店で扱う酒をアピールし、一本でも多く、一店でも多く販路を広げるべくドブ板営業の日々。いつか『義侠』を売るために、別の酒（それはそれで自信を持って仕入れたいい酒なのだが）をせっせと売り続けた。デパート勤務時代の経験もそこで生きた。

そして一年後の面接。この一年間やってきたことを報告する柴田の声に、厳しい表情でじっと耳を傾けていた山田は、柴田の話が終わると少し表情を緩めてこう言った。

「やってみるか。少し早いけどな」

心の中でガッツポーズをする柴田に、山田は声をかける。

「おぬし、今日はなんで来た？」

「軽トラです」

「積んでくか」

予想を超える早い展開に、山田の気が変わらないうちにと思った柴田は、「積んできます！」と即答。あまり深く考えないまま、『えにし』をはじめ、通年扱いのものを詰めるだけ積んだ。軽トラの荷台に積んだ『義侠』は、全部で十ケースくらいになったという。

それからの展開は、さらに目まぐるしかった。軽トラに大事な『義侠』を積み込んだ柴田にかけた山田の言葉は、思いもよらぬ言葉だった。

「おぬしは、このあと予定あるか。なかったらワシを名古屋まで連れていけ。そしてワシに付き合え」

わけもわからぬまま、山田を軽トラの助手席に乗せて三十分。名古屋駅近くの自分の店に戻り十ケースの『義侠』を置いて、急いで着替え、山田と夜の街へ。

「そりゃもう、何が何やら。一軒目は緊張のあまり何も覚えてません。なぜか覚えているのは、白髪の女性がやっているスナック。山忠さん馴染みのお店のようでした。さらに、歌まで歌われたんですよ。それも、シャ乱Q。びっくりですよ！」

山忠の社長がカラオケを歌うのは、珍しいことらしい。その後、柴田の知り合いの酒販店や蔵元からも山田社長のカラオケを聞いたという話は一切出なかったそうだ。

つまり、この日の山田はそれほど上機嫌だったということ。

山田明洋は『義侠』を地元愛知県内で根付かせたいという思いが強かった。しかし、当時の愛知県の酒販店で、『義侠』の良さを理解しそれを本当に取り扱える店がなかなかなかったのも事実。木全や柴田のような、『義侠』を欲して自分のところにやってくる志ある若い世代にこそ『義侠』を託したいという本音があったのだろう。

だからこそ、敢えて厳しく接し、すぐに取引をするようなことはしなかった。それでも、彼らが自分なりに努力してまた面接にやってきたことは、心から嬉しかったに違いない。

柴田はそれを感じ取り、『義侠』を今日も丁寧に売っている。自分の店に来る一般客に、無理に薦めることなく、客の酒歴や嗜好を聞き出して、この人にこそと思って初めて薦める。そして、営業に回った先の飲食店に対しても、この酒の個性を心を込めて伝えている。

「最初のころは愛知県の飲食店に〝愛知の酒〟を置いてもらうのがなかなか難しい時代でした。世の中はみんな新潟の酒に目を向けていましたからね。それまで日本酒が常温で置かれていたのが、ようやく飲食店でも日本酒を冷やして置いてくれるようになってきたあたり。常温熟成の『えにし』をキンキンに冷やして出すお店もありますが、そこまで細いことは言えない。日本酒を冷蔵庫に入れてくれるだけでありがたかったくらいですから(笑)。最初はまず、置いてもらうことに注力しました」

そうしていくうちに、日本酒通の間に『義侠』の名が徐々に広まっていく。同時に、『義侠』を扱っているということで、「リカーワールド21　シバタ」の酒販店としての受け止められ方も変わっていき、一目置かれるようになってきた。

『義侠　縁《えにし》』が柴田正吾を目覚めさせ、それをつくった山田明洋がその世界を教え、現在の「リカーワールド21　シバタ」がある。実際、仕入れる『義侠』は配送ではなく柴田自身が山忠本家酒造まで取りに行き、毎回山田明洋と会話をすることで刺激を受けたり叱咤激励を受けたりすることもある。

柴田にとって『義侠』は、多数取り扱う銘酒の中でも特別な存在であり続けるのだ。

「『義侠』は、旨いけど難しい酒なんです。個性が強すぎて、飲む方を選びます。だから私が置いてもらっている飲食店さんでも、初めは決して売り上げに貢献できるほど出ないのは事実。でも、私はお願いするんです。この酒は、〝ハマる酒〟だと。いちどハマれば、飽きられることは決してない酒だと。だから店のラインナップからはずさずに辛抱して置いてほしい！　と」

地酒屋　サケハウス

　愛知県あま市七宝町。ここに愛知県下でもっとも有名な地酒専門店がある。その名も「地酒屋　サケハウス」。店主の名は清原芳房。前出の「酒きまた」木全辰夫も、「リカーワールド21　シバタ」柴田正吾も、地酒を扱う酒販店として駆け出しのころからいくつものアドバイスを受けてきた〝地酒の師匠〟。早くから愛知県の酒である『義侠』に目を付け、多数売ってきた功労者でもある。

　三基の大型コンテナ冷蔵庫でマイナス五℃、〇℃、五℃に分けて品質管理された酒の種類は百銘柄以上。年中十五℃に保たれた日本酒セラー、年中〇℃に保たれた吟醸蔵を合わせると五千本収蔵可能と、常に最良の状態で最良の酒を提供できるように設備には多額の費用と細心の注意を払っている。

　開業は一九八四（昭和五九）年十一月。サラリーマンだった清原は、妻の実家が酒販店だったこともあり、かねてから興味のあった地酒を扱う店にトライした。妻の実家が元々取引のあった酒をいろいろと吟味するうち、『義侠』のつくりの良さに惹かれ、積極的に仕入れては販売してきた。

「山忠さん（山田明洋社長）のことは、まだ『義侠』が今のスタイルになっていないころから知っています。後ろにミカンの皮がいっぱいへばりついた、白のカローラのライトバンで営業に回っていましたね。まだ、このあたりのほとんどの蔵が、『十本買うと一本付きとか二本付き』とかで酒を安売りするのが当たり前の時代。ほとんどの蔵が〝未納税〟をやっていた時代ですね。山忠本家酒造さんも、そうした蔵の一つでした」

〝未納税〟といっても、不正に税金を納めないという意味ではない。酒の取引に使われる業界用語のようなもので、正式には「未納税移出」といって自分の蔵でつくった酒を灘や伏見などの大手に「原料」として出荷することだ。業界では〝桶買い〟〝桶売り〟ともいうこのシステムよる売り上げは、愛知や岐阜、静岡などの小さな蔵元にとっては売り上げの中心にすらなっていたし、大手蔵元にとっては自社生産能力以上の量の酒を出荷することができ、自社生産高としての売り上げを立てることができるという構造である。

しかし、山田明洋は、山忠本家酒造をこの「十本買うと一本付き」や「桶売り」から脱却することを決意する。そこで、一時的に売り上げが減るのを覚悟で自社製品に付加価値をつけることを目指した。清原芳房は、山忠本家酒造のこうした変化を、つぶさに近くで見ていた。

「この辺の蔵元で、いちばん最初に〝未納税〟を切ったのが、山忠さんでした。当然、売り上げは下がるわけですよね。で、どうしたかというと、付加価値をつけようとあれこれするわけです」

たとえば、山田が音頭を取り、清原が声をかけて酒販店有志を募って結成した「日本酒《さけ》文化研究会」。歌手のさだまさしを呼んでコンサートをやったり、木曽川の河川敷で芋煮をしながら酒を飲むイベントをやったり。地元の酒の良さを地域の人にわかってもらおうと、多数のイベントを行なった。

高級酒『義侠　慶《よろこび》』を出したのもこのころだ。まだ日本酒が税制上、等級で区分されていた時代。信じられないかもしれないが、『慶』は当初、二級酒として発売された。一升瓶一本で一万円もする、当時としては破格の超高級酒が二級酒だったというのは、最近になって『慶』を知るようになった人には衝撃だろう。

「特級で出しても税率が高いだけだから」ということで、審査に出さずに「無審査二級」（審査に出さないと自動的に二級酒に区分される）という手段を選んだのは、山田明洋らしい。四〇％精米の、今なら「純米大吟醸」だが、当時「二級酒」に区分された酒に一万円という値段も、酒販店や消費者を驚かせた。

「元々、安酒のころからでも、山忠本家酒造さんの酒はレベルが高かったですよ。プライドもあった。酒屋に卸すときに十本に対して二本、三本とおまけを付ける蔵が多かった中でも、山忠さんは一本しか付けませんでしたから（笑）。値引き合戦には巻き込まれないぞ、という意地もあったんでしょうね。今の『侶《ともがら》』の前身に当たる、『ふれあい』っていう五〇〇ミリの純米大吟醸なんかも出していましたね。結構人気あったんですよ」

地域の酒蔵に先駆けて桶売りをやめ、安酒から高級酒に路線変更した山田明洋は、さらなる付加価値をつけるために〝酒米〟にも注目した。まだ周辺の蔵元は〝酒造好適米〟すらほとんど使用していなかった時期のことだ。

山田は、当時から酒造好適米の中でも最もすぐれているとされていた兵庫県産「山田錦」の、さらに「特A地区」で作られる最上級の山田錦を求めるようになる――このあたりの話はのちほどもう少し詳しく述べることにして、清原芳房の話に戻そう。

山忠本家酒造を先代（九代目・山田忠右衛門）のころから知る清原だから、前項の木全辰夫や柴田正吾らのように「面接」という壁もないまま、自然の流れで『義侠』を仕入れることができた。清原の店のオープン時には山田明洋がその手伝いに来てくれたという間柄でもあった。

『義侠』は、周辺の酒販店でも価格の安い低スペックのものは扱っていたが、「十本に二本、三本おまけを付ける」という条件の蔵が多い中で「一本しか付けない」山忠本家酒造との取引は酒販店にとってメリットが少ないため、取り扱いは徐々に減っていく。そんな中で、清原は山田明洋が目指した『義侠』の高級酒指向に目を付け、賛同するのだった。

「『義侠』に、『純粋』っていう純米酒があったんですよ。衝撃的でした。『えにし』の前身に当たるのかな。酒米は山田錦ではなく、五百万石だったかと思います。でもけっこう磨いてある酒で。常温で熟成し、旨みを引き出す、濾過をあまりしない。山忠さんの言う、『自分が飲んで旨いと思い、飲み続けられる酒』の原型でしょう。これが東条の山田錦が入るようになってから『えにし』になったわけだから」

清原を唸らせた純米酒『純粋』のつくりで、東条産山田錦を使った『えにし』は、さらに劇的な変化をもたらす。特A山田錦が持つ〝米の力〟の圧倒的な差。特Aでなくても、山田錦を使えばある程度の出来に仕上がり、日本酒業界では〝山田保険〟なる言葉もあったほどの時代に、その中でも最上級の東条産山田錦を丁寧に磨いた『義侠』は、清原に「この酒を地元愛知県にもっと広めたい」という使命感のようなものさえ植え付ける。

つまり、清原の店が地酒中心で行く決定的な役割を担ったのが、『義侠』の山田明洋だったのである。

「山忠さんといろいろ活動していくうちにわかってきたんですが、『義侠』は酒としての魅力と同時に、山忠さんの〝人〟としての魅力でできているんじゃないかな、と。他の人の三歩先行く先見の明や、酒を見る目は間違いない。それだけじゃなく、自然と吸い寄せられるように山忠さんの周りに人が集まってくる。山忠さんにはそんな人間的魅力があるんです」

こうした山田明洋の個性が詰まった酒『義侠』に惚れこみ、これを県下に広めようと思った場合、一つの酒販店からの発信では限界がある。清原は自分より下の世代で地酒に対して志ある酒販店と交流しながら、『義侠』の魅力を発信していった。そして、この人という人に山忠本家酒造を紹介もした。それが、木全であり柴田だった。前の項で山田明洋の面接を受け、最初に厳しいことを言われて跳ね返され、それでも精進して面接に挑んだ二人だ。

『えにし』をはじめ、山田が「自分が飲みたい酒」を追求して世に送り出す『義侠』は、言ってしまえば極めてマニアックな酒である。明らかに飲み手を選ぶクセがある。だからこそ、それを旨いと思える人に的確に、いい状態で販売できる店を選ぶ。そうして『義侠』を扱う店は、酒を買いに来た客を見ながらこれという人に薦め、『義侠』を理解する飲食店に卸す。そういうサイクルで、『義侠』の熱狂的なファンがじわじわと拡大し、一度知ると離れない存在になっていくのだった。

横浜君嶋屋

愛知県の小さな酒蔵による『義侠』を関東で最初に取り扱ったのは、「横浜君嶋屋」社長・君嶋哲至である。現在は創業以来の横浜市南区にある本店のほか、「銀座君嶋屋」「恵比寿君嶋屋」と東京の一等地にも店を構え、国内の一流ホテルやレストラン、バーなどに酒類の卸売を行い、業界で高く信頼される人物だ。

創業は一八九二（明治二五）年の老舗。戦後以来、店頭で酒を売りながら店の奥で客に飲ませる「角打ち」（立ち飲み）スタイルが地元になじんでいた実家の「君嶋屋」を四代目として継ぐことになった君嶋哲至は、一九八〇年代、旧来の酒販店の営業形態が尻すぼみになっていくことを感じていた。店の日本酒のラインナップも、テレビのＣＭでやっているような大手メーカーの酒を五種類ほど置いているだけだった。

一九八二（昭和五七）年の上越新幹線の開業もあり、〝淡麗辛口〟を売りにした新潟の酒がブームになっていく時代。それまで主流だった醸造用の糖類・アルコールを添加した〝三造酒〟（三倍醸造酒）のベタベタとした感じが大嫌いだった君嶋は、きれいで飲みやすい日本酒もあることに気づき、地酒に注目する。

「それが、〝淡麗辛口〟ブームが極まってくると、どんどん水のような味わいのない酒がもてはやされてくる。そうすると、〝淡麗〟でいいのかな、と思うわけです。日本酒にもワインのような芳醇な味わいのある酒があってもいいんじゃないかと。それで各地の酒蔵を訪れるようになりました。そんな時に、ある蔵元さんから、『鑑評会で、口に含んで飲み込んでしまう酒がある』と聞いたのです。銘柄を聞いたら『義侠』だと」

鑑評会で酒のテイスティングを行なう際には、酔ってしまわないように口に含んでも飲み込まずに、味を確認したら吐き出すのが常識。それが、思わず飲み込んでしまうという話に、君嶋は大いに関心を持った。日本酒を学ぼうとし、「とりあえず全銘柄を覚えよう」と日本酒に関する文献を読み漁っていくうちに興味を持っていた『義侠』の名が、そういう形で知り合いの蔵元の口から出た……。君嶋は早速、山忠本家酒造に問い合わせをする。

「まず電話で問い合わせをしたら、当時専務だった山田明洋さんが来てくださったんですよ、この店に。どういう流れでそうなったのか細かいことは覚えていませんが、いきなり。その時点では実はまだ僕は実際に『義侠』を飲んでいないんです。で、『そちらに行きます』『いいよ』みたいになって、それで行くことになったわけです」

君嶋がまだ日本酒の世界の入り口に立って間もないころ。名も知らぬ横浜の酒販店からの問い合わせに、いきなり店を訪問する山田明洋の真意はどこにあったのだろう。後日その件について山田に聞いてみたが、覚えていないという。

「それで、山忠本家酒造に行って、その日は山忠さんの家に泊めていただいたんです。飲みすぎちゃって。それが最初でした」

本で知り、知り合いの蔵元からの話も聞き、初めて飲んだ『義侠』。それも蔵元の家で。君嶋の下の世代の酒販店には驚きだろう。しかし、その味わいについては「正直、わからなかった」と君嶋はさらりと言う。

「今なら旨いってわかるんですけど。まだ新潟やそのへんのお酒の味しか知らなかったような当時の自分には、これを美味しいと言っていいのかどうか、正直言って判断がつかなかったんです。木のような香りもあって『樽の香り?』なんていう素朴な疑問もあったりして。とにかく、明らかにこれまで自分が飲んで旨いと思った酒とは違う味。でも、なんとなく飲んでいるうちに『いい酒だなぁ』と思うようになって」

こうして、君嶋は初めて訪れた山田明洋と『義侠』を酌み交わし、その家に泊まって横浜に帰る。お土産は、なんとしても『義侠』を売りたいという気持ち。『義侠』以前に、「山田明洋」という人物が、君嶋を酔わせたのかもしれない。

「一晩呑んで、山忠さんの熱心さや自信は心に響くものがありました。だから、それに賭けてみようという気になったんです。この人を信じよう、と」

「横浜君嶋屋」は『義侠』を仕入れることになった。しかし、当時主流の〝淡麗辛口〟と対極にあるこの酒は、売るのが難しいのは明らか。実際、透明な酒しか知らない人には「なんだこれ?」と言われることも多かった。「不良品じゃないの?」と言われることさえあった。それでも君嶋は、山田明洋を信じ、そういう自分を信じて『義侠』を売った。

「ある日、専門家らしいお客様が見えて、『これ、僕はいいと思うんですけど』って薦めたんです。そしたら、『よかったよ、あれ』って言っていただいて。それまで半信半疑だった部分もありましたけど、それで自信がつきました。それまで、自分は旨いと思っていてもお客様にはあまり認めていただけていなかったので」

君嶋が日本酒の旨さに気づくきっかけともなった『満寿泉』（富山県・桝田酒造店）の先代社長・桝田敬次郎が来店したときにも、君嶋は『義侠　泰《やすらぎ》』を薦めてみた。すると、桝田は「これはいい酒だ」と太鼓判を押したという。酒の良し悪しを知り抜いた桝田の感想に、君嶋はますます自信を持った。

「『新潟の酒も美味しいけれど、それとは別のアプローチでしっかりと米の旨みが伝わるこういう酒もあるんです』と、自信を持ってお客様に薦めるようになりました」

関東で最初に山忠本家酒造に直接取引を求めて、最初に『義侠』の取扱店となった君嶋は、その後ずっと続く山田との交流の中で、様々な蔵元や酒販店とのつながりも広げ深めていく。山田に対しても、酒の出来に関しては率直な意見も伝え、時にはリクエストもしている。現在、『義侠』のラインナップの中でも少し異質な『義侠　プルミエ　グランクリュ・クラッセ・アー　山田錦』は、そんな君嶋の提案によるものだ。

「ある時、付き合いのある飲食店に『義侠』を薦めてみたんですが、『甘いし、酸味がないし、度数が強いのでうちの料理には合わない』と言われて。それで十四度くらいの低アルコールで酸味もしっかりあって甘くない、料理を選ばない食中酒ができないかと相談してつくってもらったんです。細かいやり取りは覚えていないんですが、わりとすんなりとつくってくれました」

口にした瞬間に伝わる上品さ、きれいさ。滑らかな口当たりの後広がる山田錦の旨み。冷でもいい、ぬる燗もいい、燗冷ましも格別。古くからの『義侠』ファンには『義侠』の懐の深さを感じさせるだろうし、『義侠』の入門編としてはとても〝とっつきやすい〟味わいだ。

小さな蔵ながらも最高の特A東条山田錦を使い、丁寧に、手間を惜しまずに多彩な品種を小ロットで生産する山忠本家酒造。その姿勢は、多くの酒蔵を見て回ってきた君嶋にとって、お手本でもある。酒販店としての「君嶋屋」のラインナップには、君嶋が時間を惜しまずに自身が責任を持って選んだ酒が並ぶ。メーカーと小売店という立場こそ違えど、「酒」への一途な思いは同じだ。

「香り重視の酵母を使わない、数少ない蔵。言い換えれば、〝ド〟がつく真面目な蔵です。いち早く低温古酒を始め、熟成感がありながら上品な味わいを求めた。自分が旨いと思う酒をつくるという真正直な部分には強く惹かれますし、だから信じられる。その姿勢はずいぶん、お手本にさせていただいています。『義侠』があるから、今の商売ができている部分がありますす」

君嶋は、そこまで言い切る。曰く、山忠本家酒造という蔵がある、『義侠』という酒がある。『義侠』を愛する友とも出会え、『義侠』を愛するお客様とも出会えた、と。

そこには〝嘘〟がない世界がある。つまりそれが、現在の君嶋屋であり、君嶋哲至がいる世界そのものだ。

はせがわ酒店

東京・北砂という下町で、普通の〝町の酒屋さん〟から始まった「はせがわ酒店」は、今では日本酒通の〝知る人ぞ知る〟という域を超えたビッグネームだ。率いるのは長谷川浩一社長。日本全国の蔵元を巡り、確かな目で選んだ地酒を揃え、麻布十番、表参道ヒルズ、東京駅グランスタ、東京スカイツリーなど、都内の〝イケてる〟スポットで洗練された店を構える日本酒界の巨人である。

『義侠』の名を全国の日本酒ファンに広めた功労者であると同時に、『義侠』の名と並行して「はせがわ酒店」の名もまた広がっていったという関係とも言える、相乗効果を持った蔵元と酒販店の関係。この出会いは、三十年以上前に遡る。

長谷川浩一が家業の「はせがわ酒店」を継ぐことになったのは一九七四（昭和四九）年。当時の酒販店と言えば、各家庭や飲食店からの注文を受けてビールや日本酒を配達するのがメインのスタイルだった。ビールや日本酒は大手メーカーがテレビＣＭで宣伝し、皿やグラスなどのおまけがつくようなものからよく売れ、「メーカーから仕入れたものを置いてお客さんからの注文を待っていれば売れる」という牧歌的な時代。

長谷川は店を継いですぐに「このままではいけない」と決意し、商品ラインナップを変えたり、スコッチやバーボン、ボルドーやブルゴーニュのワインも並べたりと〝昔ながらの下町の酒屋さん〟から〝品揃えの良い酒の専門店〟に舵を切る。しかし、残念ながら地盤は下町。都心の感度の高い客が来るわけでもなく、もちろんインターネットなどない時期だから情報も遅いため、苦戦を強いられることに。

それでも歯を食いしばっていたところに、やってきたのは価格破壊の波。地元客はビールの安売り店に流れ、ようやく販路をつかんだ銀座の飲食店はウイスキーの安売り店に流れ、「はせがわ酒店」はピンチに陥ってしまう。

そんな頃、長谷川は一部の酒通の間で流れる「地方の二級酒が旨い」という都市伝説のようなものに活路を見出した。本当に旨い酒を見つけ出して価格競争のない商売をすることが、「はせがわ酒店」の生き残る道。そう思った長谷川は、地酒を専門的に扱う飲食店や酒好きの仲間とともに、時間を見つけては各地の酒蔵を巡る。ひたすら蔵を回っては、一本一本吟味して「自分が旨い」と思う酒を仕入れていった。

『義侠』との出会いは、懇意にしていた銀座の飲食店で飲んだ『義侠　泰《やすらぎ》』だった。『義侠』が新酒鑑評会で金賞を連続して受賞していた時期のこと。

「なんて華やかな酒なんだろう、と。とにかくこの酒を扱わせてほしいと思い、さっそく蔵に行くわけです。そうしたら、先に君嶋さん（前項・「横浜君嶋屋」）がいて。だから関東では君嶋さんがたぶん一番乗りですね」

しかし、ちょうどそのあたりは、『義侠』の過渡期でもあった。山田明洋は鑑評会への出品をやめ、「自分が旨いと思う酒」を追求するようになっていく。

「ハシゴをはずされたような感じでした。なんか路線が変わっちゃって。僕から言わせれば、正直、地味な酒になってしまったなって印象。山忠さんは金賞を受賞した酒でも『あんな香り、ワシは好かん』とか言ってましたからね」

そこで長谷川は、当時二回火入れをしていた『義侠』に、火入れをしない生酒を出すように説得する。生酒でこそ『義侠』の良さが客に伝わると信じ、山田明洋がうなずくまで丁寧に説明を繰り返した。

「山忠さんを説得するのに、二〜三年かかったと思います。もちろん自分が言い出しっぺですから、そりゃもう、死ぬほど買いましたよ。今の『はせがわ酒店』の十分の一くらいの規模の当時の店には、一度に何百本もの仕入れは正直、きつかったです。しかも北砂っていう下町の小さな店だから、大変。だから必死になって売りました。今よりも売ってたんじゃやないかな（笑）。でも、〝生〟を出したからこそ『義侠』は認知されたんだと思ってます」

その甲斐もあって、『義侠』も「はせがわ酒店」もファンを増やしていった。立場こそ違え、酒に向き合う真摯な姿勢が共鳴した結果でもあった。お互いに自分の意見をぶつけ合い、聞くべきところは聞く。こうした関係は、その後も続いていく。

「もう三十年くらい前の話だから正確に何年かは覚えてないですけど、山忠さんの蔵にある、ずっと取っておいた〝いいやつ〟の一部を分けてもらえることになって。そしたら、ぶらっとやってきた『いわしや』（後に登場する居酒屋『酒たまねぎや』の前身）の木下（隆義）さんにその話をしたら、『それ全部くれ』って、即注文。そんなこんなで、僕と山忠さん、木下さんとは長い付き合いになっていくんです」

現在、東京・神楽坂に店を構える『酒たまねぎや』だが、当時は高田馬場で『いわしや』

という店だった。山田明洋、長谷川浩一はよくここで酒を酌み交わし、店の二階に泊まった。ここには有数の蔵元や酒販店も訪れ、後の日本酒業界で名を馳せる屈指のメンバーが集まった。真夏の寝苦しい夜、エアコンもない『いわしや』の二階で汗だくになって雑魚寝した思い出を語る関係者は多い。

「とにかく、しょっちゅう集まって飲んでましたね。リーダー格はもちろん年長の山忠さん。山忠さんが、『東条で山田錦のイベントやるから人集めろ』と言えば、僕や君嶋さんがあちこちに声かけて人を集めることになるんです。自腹で交通費も馬鹿にならないのに、兵庫県の東条まで行って田植えや稲刈りを体験するわけです。今でこそ、蔵元や酒屋が田んぼに行くことはありますが、当時はそんなの珍しかったんじゃないでしょうか。まだ『フロンティア東条21』(後述・山田明洋が中心となって兵庫県東条地区の山田錦を盛り上げる会)ができる前のこと」

山田明洋と東条山田錦については別の章で触れるが、山田の〝東条〟に対する情熱を、長谷川は近くで感じていた。長谷川は、山田明洋のその情熱と、そこに吸い寄せられるように集まる蔵や酒販店や飲食店を認めつつ、どこか冷静な目線も持っていた。みんなで集まって、東条山田錦の田植えや稲刈りを少し体験して、その夜飲んで盛り上がるだけで、果たして啓蒙になるのだろうかという疑問も感じていたという。

「だからね、僕、言ったんです。田植えして稲刈りして飲んで終わりだけでは何も変わらないよって。それで提案したんですよ。このメンバーでプレミアムなイベントをやったらどうかって。ホテルで人を集めていい料理を出して東条山田錦で醸した酒を味わう会とか」

その後、そうそうたるメンバーによる「フロンティア東条21」が結成され、今では年に一回のペースで彼らの主催によるイベントが開催され、大盛況になっている。

「山忠さんが東条の山田錦に惚れこみ、その情熱で〝東条〟を一大ブランドにしたのは間違いない。だからこそ『義侠』には、それに値する位置にあってほしい」

『義侠』が日本酒通の間で神格化され、熱狂的なファンを持つ一方で、日本酒業界の中でのその位置づけに、長谷川は不満を口にする。長谷川の結婚の時の仲人を務めたのが山田明洋だったという間柄だからこそ言える、辛口の意見だ。

「いい意味でも悪い意味でも、ファンが熱狂的になりすぎて、ちょっと心配な部分もあります。あまりに盲目的になりすぎて〝それはちょっと違うんじゃないかな〟と思うこともあります。山忠さんは、たしかに東条山田に対する情熱や酒に関しての姿勢はすばらしいけど、もっと設備投資も含めやるべきことはあるんじゃないかな。〝俺の酒〟もいいけど、飲むのはお客さんなわけだし。酒屋の僕の立場としては、日本酒に関心のある人に、もっと広く『義侠』をいい酒だと知ってほしい。『義侠』を扱っている酒屋は影響力ある店が多いわけですから、もっともっと『義侠』にメジャーになってほしいんです」

長谷川の辛口な言葉は、愛と信頼あればこそ。なにしろ『義侠』は、「はせがわ酒店」の現在をつくった初期ラインナップからの貴重な銘柄だ。「俺の酒だけつくっていればいいってのもわかるけど、それだけじゃ経営者としてはいかがなものか」などと言いながらも、酒蔵の経営に関して長谷川浩一が山田明洋をどれだけ信頼しているかがわかるエピソードがある。

「僕、どれだけの蔵元さんに山忠さんのところへ決算書を持って行かせたか。いい酒をつくろうと誠意あることをやろうとすればするほど、蔵の経営は大変なわけです。市場も厳しい。名のあるところでも、実際は火の車だったりするんです。大事な蔵の決算書をほかの蔵に見せるわけですからね、相当な覚悟があったと思いますけど、みんな山忠さんに怒られながらいろんなことを教わって、今があるんです」

高い評価を受けているあの酒を出しているあの蔵が？　と思うほどの銘蔵が、長谷川浩一からのアドバイスで山田明洋に決算書を見せて指導を仰いでいる――これこそは、長谷川がどれだけ山田を認めているのかの証である。

「言うことは厳しいけど、やってることはピュア。だから人がついていくわけですよ。その求心力は凄い。言ってること、やってること、変わらないしまったくブレがない。僕なんかは経営者としての小狡さを覚えてしまったけれど、山忠さんはまったく変わってない。一貫して、僕らを裏切らない」

だからこそ、長谷川は安心して『義侠』に苦言も呈しながらさらなる高みを求めるし、ずっと見ていこうと思っている。現在、専務として、チーム〝義侠〟を率いている山田明洋の次男、山田昌弘にも、大いに期待を寄せている。

「山忠さん、山田明洋さんがたくさんのやせ我慢をしながら『義侠』をあれだけのブランドにした。でも、明洋さんは蔵元の十代目であって、杜氏ではない。まだ、種をまいて水をやった段階でしょう。これから花を咲かせて実をつけるのは、十一代目を継ぐことになる専務の昌弘さんがやらなきゃいけないことだと思います」

大塚酒店

北関東屈指の日本酒・焼酎の品揃えで知られる地酒専門店「大塚酒店」は、群馬県高崎市、ＪＲ高崎駅から北に十分ほど歩いたところにある。決して広くはない店内には、全国から集められた銘酒がぎっしりと並べられ、〝酒屋さん〟というよりも〝個性的な本屋さん〟といった風情。一つひとつの銘柄に店主による手書きで名前と値段が書かれ、その文字の大小も含めて味わい深く、酒好きなら時間を忘れてしまいそうな空間だ。

元々、いわゆる〝町の酒屋さん〟だった大塚酒店が現在の形になったのは、店主の大塚英彦が『義侠』と出会ったことによる。三十代半ばで家業を継いだ大塚は、元々日本酒が好きで、毎日二合の日本酒を愉しみつつ日々の〝酒屋さん〟の商売をしていた。そんな大塚が「人生観を変えられた」とまで言うのが、『義侠』との出会いだった。

「今から三十三か三十四年くらい前でした。東京の長谷川さん（前項『はせがわ酒店』）

がホテルでやっていた利き酒の会にたまたま行った時に、初めて『義侠』を知りました。飲んだのは磨き四〇%の生原酒でした」

前の項で「はせがわ酒店」長谷川浩一に熱心に口説かれて山田明洋が出した『義侠』の生原酒。大塚がそれを飲んだのは、『義侠』が生酒を出して二年目のことだった。大塚は、それまで飲んだことがない旨さに衝撃を受ける。

「何なんだ、これは!?」

東京から高崎に帰った大塚は、すぐに山忠本家酒造に電話をし、蔵に行くアポイントをとった。それまで先代からの付き合いや問屋を介して吟醸酒を手にすることはあっても、自ら酒蔵に出向くことがなかった大塚を、大きく突き動かすものが『義侠』にはあった。長谷川浩一からは、「気難しい蔵ですよ」とは聞いていた。それでも大塚は、どうしても『義侠』を店に並べたかった。ダメ元、だった。

「この酒をぜひ売らせてくださいい、って電話したんですよ。そうしたら『蔵に来てくださ い』っておっしゃったんで、店を継ぐ前のサラリーマン時代の背広を引っ張り出してきて着ていったんです。高崎から電車を乗り継いで」

初めて訪れた、県外の酒蔵。ここで大塚は、二度目の衝撃を受ける。通されたのは山忠本家酒造の古い事務所。山田明洋がスーツにネクタイ、佳代子夫人が和服姿で「遠いところからご苦労様です」と丁寧に出迎えた。テーブルには、十本近くの『義侠』の一升瓶が開栓前の状態でずらりと並んでいた。

「それをね、山田さんが片っ端から開けて、『右から飲んで、感想を述べてください』って言ったんです。利き猪口のでっかいのを一本に一つ、社長自らそれぞれについでくれるんですよ。驚きながらも全部飲みました。全部旨かった（笑）」

それぞれの感想を何と言ったのかは覚えていないが、大塚の様子をじっと見ていた山田明洋は、大塚にこう言った。

「わかりました。好きなもの注文してください」

行ったその日、その場で即答。旨い酒を自分の店に並べることができることに、それもあっさりとOKが出たことに、大塚はまるで夢気分だった。佳代子夫人はその様子を、傍らで穏やかな笑みを浮かべながらじっと見ていた。帰り際、それまで黙っていた佳代子夫人が大塚に声をかけた。

「大塚さん、うちは県外にお酒を売る時は、娘を嫁に出すような気持ちでお送りします」

思わず背筋が伸びる大塚に、夫人に続いて山田明洋が静かにこう言った。

「大塚さん、一つ約束してください。この酒は、群馬のお店以外では売らんでください」

当時はネット販売などない時代だったし、群馬県の小さな酒販店から県外に売るような機会などなかったのだが、この言葉の重さに、大塚はさらに背筋を伸ばした。

「あれは特約店さんに対する山田さんの気遣いだったんでしょう。それにしてもね、行ったのは五月で、もう生酒は三月で販売終了だからありませんけどって、これから売るやつを全部並べてくれて、好きなの注文していいって。驚きですよこれは。その前に、ご夫婦で正装して出迎えてくれた時点から、緊張と驚きと興奮で、頭の中は大変でした。もう、一発でファンになってしまいましたよ。群馬の田舎の小さな酒屋にそこまでしてくれるなんて、思いもよりませんでしたから」

以来、三十数年の付き合いの中で、大塚英彦は常に山田明洋の人間としての品格に尊敬を感じながら『義侠』を売っていく。他の酒蔵にも積極的に訪れるようになり、蔵の姿勢を肌で感じ、これだというものを店に並べるようになっていく。

『義侠』を「いい酒だが、売りにくい酒でもある」という酒販店の声もある。それが個性であり、その良さを理解できる人に売ろうと思えば、たしかに努力も時間も必要だ。しかし、大塚は『義侠』をこれまで一度も「売りにくい」と思ったことはなかったし、むしろ売ることに商売以上の喜びを感じている。

「私なりのやり方で頑張って売ってきました。たしかにね、吟醸香や辛口に慣れちゃった若い人には甘いとか強いとか、最初は入りづらいところもあるんです。今はインターネットなどで情報も早いけれど、逆に情報が氾濫しすぎていて、若い人はかわいそうだと思うんですね。自分が感じる前に情報に支配されてしまい縛られてしまいますから。でも、酒の好みは飲んでいるうちに変わっていくもの。『義侠』は酒を二十年、三十年と飲み続けてわかってきた人には〝ズコッ〟とくる。だから、私がお酒をお客さんに売る時は、いろいろ好みを探りながら、その人の段階にちょうどいい酒を薦めるんです。そして最後に行きつくところはもちろん、『義侠』です」

根っからの日本酒好きである大塚にとって、そこに時間をかけることは自分の店に買いに来る客を『義侠』に導いていく楽しみでもあり醍醐味だ。今はわからなくても、いつかその場所へ。自分が選んだ酒を、そうやって一つひとつ丁寧に売ることが、地酒専門店のプライドだ。同時に、大塚の山田に対する心酔の証がそこにある。

「山忠さんは権力だとか評判だとか、そういうものなんかくそくらえ、という人です。いろんな蔵を見てきました。小売店の扱い高とか格だとか、そういうことで判断する蔵元も多い中、あの人は絶対にそんなことはない。たとえば、それまで付き合っていた店が大きかったとしても、店を継いだ若旦那さんの態度が悪ければ取引しないなんてこともある。ズバズバとものを言ったり、厳しい目で人を見ることはありますけど、あの人の尺度は一貫しているんです。だから、百パーセント信じられる。一年に一回くらいしかお会いすることはないけど、行くたびに身を乗り出していろいろ話してくれる。その話の切れ味が鋭くて、私は何一つ否定するところがありません」

山田が声をかければ有数の蔵元や酒販店とともに東条の田植えや稲刈りに参加し、そのたびにますます山田明洋という人物の言動に心を動かされてきた大塚。山田を「怖い人」「頑固」「偏屈」と言う人物も少なくない中、大塚は山田を「まぶしいくらいまっとうな人」と評する。

「『日本一のいい酒をつくるには、いい米が必要だ、この東条の山田錦が凄いんだ、そしてこの米をつくってる人たちが凄いんだ』って、僕らに熱弁をふるうんですよ。なかなか言えないことだと思います。一貫しているんです。それでいて、押しつけがましくない。だからこそ、人がついていくんですね」

兵庫県加東市の東条地区でできる最高級の酒米・山田錦に惚れこんだ『義侠』の山田明

洋が、「東条の山田錦を盛り上げたい」と有数の蔵元や酒販店、飲食店を集めてイベントを行なっていたのは一九九〇年代。大塚も、群馬県高崎市から兵庫県東条町（現・加東市東条地区）まで、手弁当で駆け付けた。そこに参加していた『磯自慢』や『松の司』や『根知男山』などが大塚の店に並ぶようになったのも、この集まりがきっかけだった。

「『義侠』に出会っていなければ自分はどんな酒屋になっていただろう、って思いますよ。今、こうして地酒屋としてやれているのは、間違いなく山忠さんのおかげ。蔵元さんでも酒屋さんでも、山忠さんの影響を受けた人は多いでしょうね」

『義侠』を取り扱えるようになるために二年、三年、いや十年以上通う酒販店もある中、訪ねてきたその日に十種の『義侠』を目の前で開栓して飲み比べさせ、その場で取引を承諾されたのは、大塚英彦以外にはいるまい。

「後で聞いたら、百人に一人の難関とかいう人もいて。正直、なぜそこまでしてくれたのか、いまだに謎です」

そう笑う大塚だが、逆に言えば、山田明洋が大塚を選んだ、とも言えるだろう。日本酒を愛し、真摯に向き合うその姿勢と人柄を、山田が初見で見抜いたのかもしれない。まさに〝日本酒の神様〟が引き合わせたような出会いだった。

後日、酒の席で山田明洋に聞いてみた。

「社長、酒屋さんの面接をする時の基準は何ですか?」と。

すると、山田明洋はちょっとだけ答えを探すような間をおいて、こう答えた。

「そりゃ、その人と一緒に飲めるか飲めないか、だよ」。

明白だ。仕事をするなら、その相手と飲みたいか飲みたくないか。大塚英彦は初見から山田明洋が飲みたい相手だと直感した。つまりこの人とは仕事ができる、ということだ。

この話にこれ以上突っ込んでも、その場がつまらなくなるので聞けなかったが、おそらく、何度も足を運んだ末に取引にOKが出た酒販店は、実は初見でOKだった可能性もある。そのときにたまたま出す酒がなかったこともあるだろうし、もうちょっと様子を見たい、ということだったのかもしれない。


とにかく大塚英彦は、最初の段階で山田明洋に「この人と飲みたい」という気持ちにさせた。それを示すこんなエピソードもある。

「二十年前くらいだったかな、『義侠』の利き酒会に山忠本家酒造に行った時、四十年五十年寝かせた古くていいのがあったんです。『それを分けてほしい』と言ったら、山忠さんは『これは出さん。自分が飲むから』って（笑）。でも、『大塚さんが泊って一緒に飲んでくれるなら、好きなだけ開けるよ』って言ってくれました。私は群馬に戻って商売があるからその日は帰りましたけど、後ろ髪引かれる思いでしたね」

「自分が旨いと思う酒をつくる」と言い続ける『義侠』の山田明洋。「自分が旨いと思う酒を売る」と実践する「大塚酒店」の大塚英彦。そこに関して実直に、ぶれることない二人には、重なり合うものがある。

「『義侠』って不思議な酒です。今、うちに開栓して七年経った生酒があるんですが、これが飲んでみたら感動的な旨さ。そんな酒、ほかにありませんよ。酒が〝生きている〟ということを実感できる酒なんです」

『義侠』について語る時、本当に少年のような表情を見せる七十三歳の群馬の地酒屋。この人に、「そろそろこれを飲んでみて」と『義侠』を薦められるようになって初めて、群馬の日本酒ファンとしては免許皆伝だ。

第二献

『義侠』に魅せられて

前の章では、酒販店の立場から、『義侠』と山田明洋社長について探ってみた。この章では、消費者と直接コミュニケーションをとる飲食店の話を聞く。自分の店に、なぜ『義侠』という酒を選び、メニューに入れるのか。どんな思いがそこにあるのか。『義侠』の魅力の一端が見えてくるはずだ。

日本酒処　華雅

名古屋を代表する繁華街〝錦三〟こと中区錦三丁目。名古屋の夜を彩る飲食店がひしめくビルの地下に、こじんまりと落ち着いたたたずまいの店「日本酒処　華雅《かが》」がある。日本酒のメニューの見開きは全部『義侠』で埋め尽くされている。名古屋の日本酒ファンだけでなく、全国の『義侠』ファンのビジネスマンが出張の折に訪れる、「『義侠』の品揃え日本一」という日本酒バーだ。

和服に割烹着姿、カウンターに何種類もの大皿料理を並べて接客するママの名は加藤直子。店のオープンは二〇一一（平成二三）年だが、その前は多治見市在住の普通の主婦だった。元々この商売をやりたかったわけでも日本酒が好きだったわけでもなく、子育て期間を終えて派遣社員として働いていた加藤は、『義侠』と出会い、その味にほれ込んだことから人生が変わった。

『義侠』の衝撃によって「日本酒観が変わった」「人生が変わった」という話は珍しい話ではない。しかし、その大半は一人の酒飲みの飲み方であったり、酒販店の姿勢や品ぞろえが変わることだったりで、日常生活そのものに大きな変化があるわけではないだろう。「華雅」の加藤の例は、多治見市に住んでいた普通の主婦を、名古屋の一等地に店を構えるママにしてしまった。

「十年くらい前に、たまたま連れて行っていただいたお店で、『義侠』を飲ませていただいたんです。三〇%の十年熟成ものでした。『ちょっと高いけど、美味しいお酒ですから』って薦められて。飲んでみたら、ほんっとに美味しかったんです。私は元々酒飲みなほうでもなかったんですが、このお酒を口にした時、お酒として美味しいと思うのではなく、〝味〟そのものに圧倒されました。そう、お酒の良し悪し以前に、私は〝味覚〟から入ったんです」

加藤はそれまで、ビールにしろ梅酒にしろバーボンにしろ、その〝味〟で飲む酒を選ぶわけではなく、その場の雰囲気で飲むことしかしてこなかった。しかしこの日、料理が得意で趣味としていた主婦・加藤の舌は、『義侠』を酒としてのものではない、絶対的な〝味覚〟として反応した。その味の記憶は強烈かつ鮮明で、加藤は一週間後に再びその店を訪れることになる。

「でも、残念なことにそのお店には『義侠』はもうなかったんです。高いお酒だし、今度いつ入るかわからない、ということでした。それでも私はあの味にもう一度会いたくて、お店の方に『義侠』を仕入れた酒屋さんを聞いたんです」

春日井市にある浅井商店。加藤は多治見市の自宅から春日井市に車を飛ばして、『義侠 純米吟醸 三〇％山田錦 十年熟成』の一升瓶を一本購入した。はやる気持ちを抑えつつ、帰り道は後部シートに横たわる新聞紙に包まれた一升瓶に注意しながら、まるで赤ちゃんを乗せているかのような細心の注意で安全運転で帰宅した。

「冷蔵庫の野菜室に一升瓶を寝かせて。一日一合まで、って決めて、大事に大事に飲みました。自分でつくる料理と一緒に味わう晩酌は、すばらしい時間でした」

ぶっきらぼうに新聞紙にくるまれた一升瓶。その時点では、まだ『義侠』は加藤にとって〝美味しい飲み物〟の一つに過ぎなかった。その味は最高ではあったし、至福の時間をくれるものではあったことには違いないが、それは普段の生活を楽しくしてくれる存在の一つだった。

時々『義侠』を買って愉しんでいた加藤は、やがて「蔵に行ってみたい」と思うようになる。

酒屋からは「入れないよ」とは聞いていたが、加藤は山忠本家酒造まで車を飛ばすことにした。行ってみると、そこには直売所があって、社長の山田明洋が事務所で店番をしていた。『義侠』が好きになってインターネットでいろいろ検索しているうちに、山田明洋の写真を見た記憶がある加藤は、そこにいるのが山田明洋であることはすぐにわかった。

「社長さんですか？　って声をかけて、少しお話をさせていただきました。日本酒の知識など全然なかった私ですが、社長さんは日本酒とイタリアンとのマリアージュの話や料理との組み合わせなんかについて、話してくださいました。私は嬉しくなって、『慶』を一本買って帰りました」

その後も、『義侠』を愉しみながら主婦生活を送っていた加藤だが、息子がアメリカに留学したこともあり、家事の負担が減ると同時に、〝自分の趣味である料理と大好きな『義侠』を出せる店〟をやりたいと思うようになる。

しかし、小さくても飲食店を出すとなると資金が必要だ。加藤は、サラリーマンの夫からその資金を借りようと考えた。加藤の実家が代々経営者だったこともあり、経営ということがどれだけ大変なことかは理解できていた。夫は、妻の夢に簡単に金を出すようなことはしなかった。

「事業計画書を出せ、って言ったんですよ。ジギョウケイカクショって何それ？　っていうレベルの主婦の私に（笑）」

加藤は書店でマンガで解説されたわかりやすい手引書を買い、それに忠実に添って事業計画書を書き上げる。こうして加藤は開店資金三百万円を、月々五万円の返済の約束で借りることができた。夫に夢を語ってから、実に半年後のことだった。

温度管理するための冷蔵庫ももちろん、最適なものをあつらえた。『義侠』のハイスペックなものをできるだけ揃えてオープンする……はずだった。しかし、一銘柄の日本酒しか置かない飲食店は常識外だと、周囲の猛反対を受ける。

「私は『義侠』だけでやりたかったんですけど、そんな店はありえないって。それで酒屋さんのアドバイスで、よさそうなものを選んで置くようにしました。もちろん『義侠』が大好きでイチオシだということは前面に押し出しながら（笑）」

「華雅」開店から三か月目。山田明洋が、一人で「華雅」を訪れた。加藤が酒を仕入れている春日井市の浅井商店から話を聞いた山田が、どんな店なのか覗きに来たのだった。この時点で山田は、加藤がかつて蔵を訪れた多治見市の主婦だったことを知らない。一方、加藤にとっては思いもよらぬ形での〝義侠の社長さん〟との再会。

ほんの三か月前までは普通の主婦で、店のママといっても素人同然の自分が、神様的存在の山田明洋をカウンター越しに接客するという状況は、加藤を緊張させる以外の何物でもなかった。

「以前、蔵に行った時のことをお話しすると『思い出した！　あの時の!!』って驚かれていました。あとは舞い上がってしまって、何をご注文いただいたかも、どんな会話をしたのかも、正直覚えていないんです。でも、あとから聞いた話ですが、酒屋さんに『主婦やってた経営もなんもわからんド素人には、かかわらんほうがいい』っておっしゃってたみたいですよ（笑）」

しかし、山田はその後も「華雅」をたびたび訪れることになる。加藤もまた、誠意を込めて『義侠』を客に薦めていく。薦めてみて「美味しい」と言われる反応が嬉しくて、真っすぐな気持ちで薦めていった。

最初のうちは、酒屋のいいなりに入れていた他の有名銘柄のほうが売れていたが、徐々に『義侠』の中でも最高級銘柄である『妙《たへ》』を注文する客が増えていく。加藤の浅井商店への『妙』の発注量が増え続け、山田にとっても「華雅」は目の離せない店となっていった。

「恵まれていたのは、お客様の層がとてもよかったんです。数少ない知人の中に、有名企業の経営者の方がいらっしゃって、よく関係者の方を連れてきてくださっていたんですね。おかげさまで高いお酒がよく出てくれました」

開業して二年と少しで、「華雅」は『妙』を年に百本という、一店舗としては驚異的な売り上げを達成。山田明洋から「『妙』の売り上げに関しては日本一」というお墨付きをもらった。自分が愛した『義侠』の蔵元から認められたのは、加藤にとって何にも代えがたい喜びであった。現在は加藤が抑え気味にしていることもあるが、それでも全国でダントツの量の『妙』がこの店で開けられている。

「華雅」の名を一気に全国区に押し上げたのは、小学館の情報誌『サライ』での記事掲載だった。二〇一四年一月十日発売の二月号の大特集は日本酒。この中で、「『義侠』蔵元山田明洋さんが通い詰める店」として、「日本酒処　華雅」が紹介されたのである。編集部からの依頼に、山田が「華雅」の名を挙げたのだった。

『サライ』と言えば本物志向の大人向け情報誌の老舗で、月刊誌でありながら〃保存版〃として長く読まれ、とりわけ「日本酒」は「京都」「落語」と並んで人気のテーマ。その影響力の大きさを、加藤はすぐに実感することになる。

「『サライ』に載るってほんとに凄いんだなって。全国から『サライ』を見てきたっていうお客様がいらっしゃるようになりました。店の名前もずいぶんネットで検索されるようになりました。二か月経っても、三か月経っても、記事を読んで来てくださるお客様が減らないんです」

それまでは、『義侠』を中心にしつつも他の蔵の酒も置いていたが、加藤は『サライ』掲載から三か月後の四月、日本酒のメニューの見開きすべてを『義侠』で埋め尽くすことを決断した。元々それが夢だったが、開店当初の周囲の反対や、酒屋に対する配慮などもあってできなかったこと。その背中を押したのが『サライ』掲載であり、山田明洋の存在であった。

「もう、絶対妥協できないって。社長がそのチャンスをくださったんです。主婦をやっていて商売はド素人なのに『義侠』が好きだという思いだけで店を出した私を、社長は応援してくださっていたんですね」

加藤直子の『義侠』に対する一途な思い。そのぶれのない姿は、年齢も性別も立場も違う山田明洋と共通するものがある。日本酒と関わった年月が尺度ではなく、真剣に向き合い誠意を尽くすその姿勢が、山田を「華雅」の常連にし、その結果、「華雅」のメニューが『義侠』で埋め尽くされた。一銘柄の様々なバージョンを垂直に揃える店は、直営店でもない限りほとんど存在しないだろう。

実はこうなる以前に、もう一つの転機が加

藤にはあった。現在は名古屋の「リカーワールド21　シバタ」から酒を仕入れている「華雅」だが、それ以前は加藤が初めて『義侠』を買いに行った春日井市の「浅井商店」が仕入先だった。オープン準備から加藤に様々なアドバイスをしてきた浅井商店は、加藤にとっても信頼できる仕入先。しかし、ネックは店との距離がある。店の配達圏外のため、注文した酒が宅配便で届くのは翌々日。このため、店のメニューに欠品が出たまま営業しなければならないこともあった。

『義侠』のラインナップは切らせたくない。しかし、在庫を抱えるスペースは店にはない。名古屋市内の『義侠』特約店なら、直接配達のため無くなればすぐに補充できる。ただ、開店当初から世話になっていた浅井商店とのつながりをそう簡単に切っていいものか……。加藤は悩んでいた。山田明洋に相談したかった。

「でも、社長さんはプライベートでお店に見える常連さん。ここではリラックスしていただきたいんです。仕事がらみのことは、現場を取り仕切っている専務さん（山田明洋の二男・昌弘）にするのが筋だと思い、専務さんに相談しました。専務さんは一通り話を聞いたら、『今の話、社長に聞いてみます』って」

山田明洋は、息子から「『華雅』のママが酒屋さんをどうするから悩んでいる」と聞き、笑ってこう言ったという。

「ほーんなもん、ママの好きにしやーええ」

周囲のことなど気にせず、自分の思うとおりにやればいい。この言葉は、昌弘が幼いころから父から聞かされてきた言葉だった。その意味、その言葉の裏に込められた思いもわかっているつもりだ。昌弘はこの言葉を、どうしても電話やメールではなく、直接加藤に伝えたかった。

「専務さんが、いつもなら電話を入れてから見えるのに、連絡なしで店にいらしたんです。そして、『社長の言葉を伝えます』って、直接伝えてくれました。この言葉で、私は目が覚めたんです。社長さんの言葉と、その意味をちゃんと受け止めて直接伝えに来てくださった専務さん。こんなに素敵な蔵元さんとお付き合いできているんだから、いったい私は何を迷っているのだろうって」

自分が大好きな『義侠』を飲みたかったから、それを売っている酒屋さんを訪ねた。蔵にも行った。『義侠』のお店を出したかったから、慣れない事業計画書も書いて夫に借金もした。振り返れば、いつも自分の好きなように、思うように、やってきた。それを山田社長は応援してくれている。何を悩む必要があるだろう。

加藤は、春日井市の浅井商店に丁重にお礼と説明とお詫びを述べ、仕入先を名古屋市内の「リカーワールド21　シバタ」に変えた。

こうして、『義侠』が切れる心配もなくなり、『サライ』にも載り、酒のメニューもすべて『義侠』で揃えるようになった「華雅」。開店当初のカウンター十席だけの店から、同じビル内のもう少し広めの店に移り、テーブル席もできた。この店で『義侠』を知り、ファンになってくれる人も増えた。

店に入ってすぐ右手、どの席からも見える場所に神棚がある。最初に日本酒を醸した杜氏を祀っている奈良県の「大神神社《おおみわ》」の赤い御幣。全国の酒蔵の軒先にある「杉玉」発祥の地でもある三輪の、由緒正しい御幣だ。

「専務さんの結婚式の数日後、列席のお礼にって社長さんがこれを持ってきてくださったものです。いつもの作務衣姿で差し出された風呂敷包みにこれが入っていて。私には何なのかはわからなかったけれど、相当凄いものだということだけは雰囲気でわかりました。あとで神社仏閣に詳しいお客様が教えてくださったんです。『これは、神様そのものだよ。神様がここに来たいって、山田社長を使いにしてここに来てくれたんだよ』って。すぐに管理会社にお願いして神棚をつくってもらいました」

〃神〃に見守られた店。店主が愛した酒の蔵元に認められた店。「日本酒処　華雅」では、今夜も店主の加藤直子が、得意の料理と柔らかな笑顔で客をもてなす。

「自分が美味しいと思うお酒を、『美味しい』って言っていただけるのは、本当にありがたいことです。そうやって『義侠』のファンを増やしていくのが、私の喜び、私の使命だと思います」

そう言って笑う加藤直子の姿には、「自分が旨いと思う酒をつくる」と決意し突き詰めて『義侠』を現在のブランドに育て上げた山忠本家酒造十代目社長・山田明洋と重なるものがある。

現在、山田明洋は名古屋に来た際にはほとんど「華雅」に立ち寄る。一人のときもあれば学生時代の友人と、時には開店から閉店までカウンター席で飲む。大神神社の赤い御幣が見守る店で、いつもの作務衣姿で加藤と談笑する姿は、実に絵になる。

まほらま

名古屋市営地下鉄「桜通久屋東」駅下車。テレビ塔のある久屋大通と桜町通の交差点から北東の飲食店が立ち並ぶエリアの雑居ビルの二階に、初めてだと通り過ぎそうなほど控えめに、「まほらま」がある。かの居酒屋評論家・太田和彦氏も推薦した、名古屋にあるマニアックな名店だ。店名の「まほらま」は、美しい場所、心癒される場所、という意味がある。

カウンター八席、小あがり十席ほどの店を一人で切り盛りするのは店主の尾崎行雄。物腰はやわらかいが、白髪交じりの長髪を後ろで束ねた仙人のような風貌は、一瞬で「タダモノではない」奥行きを感じさせる。彼こそ、名古屋の繁華街の片隅にいながら日本酒界隈ではちょっとした有名人の、「まほらまのマスター」その人だ。

酒米山田錦を愛し、『義侠』を愛し、日本酒を愛し、日本の未来を案じながら〝旨い酒〟〝酒の楽しみ方〟を伝導する男。だから日本酒の世界に興味を持った人がこの店に来たら、好みのタイプの日本酒と予算を伝え、あとは出されるままに飲むのが正しい。その客のレベルに合わせ、実に丁寧にその酒についての解説をしてくれる。尾崎となじみの蔵元や酒販店が客として来ていた場合、特別な会話が漏れ聞こえるのも楽しい。

尾崎と『義侠』の出会いは、四半世紀以上前に遡る。東京でサラリーマンをしていた尾崎は、山田錦で醸された日本酒に魅せられていた。山田錦は日本酒好適米として既に圧倒的なブランド力を持っていたが、当時は酒米にこだわるのは一般ではまだマニアのみ。尾崎は酒販店に通い、山田錦で醸された酒をいろいろと買っては個人的に愉しんでいた。

地酒を扱う酒販店では、東京では亀戸の「はせがわ酒店」と聖蹟桜ヶ丘の「小山商店」が二大巨頭として名を馳せていた。

勤めていた会社の本社が築地、自宅は調布。尾崎は会社からの帰りに「はせがわ酒店」に寄り、山田錦による酒を選んでいた。サラリーマンにも買いやすい、精米歩合五〇%クラスものは、『義侠』『磯自慢』『初亀』の三銘柄だった。そこで尾崎は初めて飲んだ『義侠』、六〇%の特別純米『縁《えにし》』に感動する。

「こんなにも山田錦というのは味わい深いんだ、と思いましたね」

日本酒が好きだった。とりわけ山田錦の酒が好きだった。しかし、日本酒に〝奥行き〟というものがあることを、初めて感じた瞬間だった。最初の口当たりは癖があって飲みにくいかもしれない。しかし、すぐに口中に広がるなんともいえない山田錦の豊かな味わい。それを引き出したのが『義侠』だった。尾崎は、続いて五〇%の生原酒を味わい、さらにその魅力に取りつかれる。

「『磯自慢』の山田の五十は、完璧。完成度が高い酒でした。でも、山田錦の持ち味を良くも悪くも引き出しているのは、やはり『義侠』だと思います」

その後、転勤になり引っ越したのが多摩市。小山商店がわりと近くにある。ちょうど小山商店でも『義侠』が入るようになったころで、尾崎は小躍りして喜んだ。こうして『義侠』は尾崎の日常酒のラインナップに入った。この時点では、はせがわ酒店での利き酒会などで山田明洋の姿を目にすることはあっても、山田と直接交流することなど思いもよらなかったという。

それからほどなくして、尾崎は脱サラし、名古屋で店を出すことになる。しかし、最初から店のラインナップに『義侠』を入れることはなかった。愛知の銘酒だから、名古屋の飲食店にはほとんど『義侠』が入っているというイメージを持っていた尾崎は、そこに参入する気はなかった。名古屋の酒販店が扱わない酒を東京の小山商店とはせがわ酒店から仕入れ、自分なりのセレクトで個性を出そうと考えたのだった。

「ところが、いざ名古屋であちこちの店を回ってみても、どこにも『義侠』を置いてないんですよ。地元・愛知の酒なのに、どういうことかと思いました。名古屋にちゃんとした店がないなら、自分でやるしかないって。そんな頃に、山田明洋さんがぶらっと店にやってきたんです。びっくりしました。『義侠』の社長がよう来てくれたな、って思いましたよ（笑）」

やがて、「まほらま」に『義侠』が並ぶようになる。開店当初は東京から送料を負担して酒を仕入れていた尾崎が、名古屋市内の酒販店からの仕入れに切り替えるのは少し後。「リカーワールド21　シバタ」の柴田正吾が地酒を揃えていく過程で知り合った尾崎は、客として柴田と交流し、いろいろ情報交換をしていた。そのうち柴田が山田明洋の面接をクリアし、『義侠』の仕入れができることになる。

「やっと『義侠』が入るって柴田さんから聞いた時、『遅いな、そんなに手に入らんの？』って言ったら『ないないないっ！』って。どおりで名古屋の飲食店に『義侠』を置いている店がないわけです。僕にしてみれば送料が浮くわけですから、ありがたい。ラッキーでした（笑）」

蔵元の山田明洋は、何度も「まほらま」を訪れるようになった。尾崎も蔵に顔を出すようになった。「まほらま」には、『義侠』が使う東条産山田錦のぬかで漬けた漬物がメニューに加わった。このぬか床は丁寧に育てられ、「華雅」（前出）にも分けられることになる。

「四十代のころの山田社長は、風貌も話し方も〝横山やすし〟のような印象。一言でいえば〝怖い人〟。ピリピリしてましたね。でも、それは自分のものさしが明確にあるから。目先ではなく先を見据えた先進性、経営者としての天才的な感覚は、近くにいて感じました」

こんなこともあった。ある時、「まほらま」にやってきた客が、「『義侠』いいですねぇ」としきりに『義侠』の話をする。聞けば、酒販店をやっていて、『義侠』を扱いたいがどうしていいかわからないと言う。尾崎は、「蔵では酒屋さんの面接をやっているから、行ってみたらどうですか」とアドバイスした。

後日、山田から尾崎に電話があった。「××ってとこが来たんだけど、お前、何か言ったか?」「いいえ、別に」「そこ、断っておいたから」。

聞けば、あの時の面接に行くようアドバイスした酒販店が山忠本家酒造を訪れ、山田明洋に会うなり「『まほらま』の紹介で、『義侠』をもらえると聞いて来ました」と言ったそうだ。山田にしても尾崎にしても、ありえない話。

その酒販店にしてみればわずかなツテでもすがりたいという気持ちがはやってのことだったかもしれないが、山田も尾崎も、そういう、きちんとした段階を飛ばした〝狡さ〟を最も嫌う。

尾崎は、山田が中心になって行う東条での田植えや稲刈りのイベントにも足を運び、日本酒の原点である米づくりと、その周辺の現実を知る。同時に、『義侠』を中心に形成される酒蔵、酒販店、飲食店、メディア関係者との知己を広げていった。

自分が元々大好きだった日本酒、その中でも山田錦の酒を好んでいた尾崎行雄。山田錦の産地として特A地区・東条の最高峰の山田錦を使い、その力を引き出す山田明洋。尾崎は尊敬する山田との交流の中で、多くを学んでいく。おそらく、山忠本家酒造の歴史については当人以上に詳しいかもしれないほどに。さらに、日本酒を愛する者としての自分の取るべき態度も明確になっていく。

「農協から精米された米を入荷する蔵元さんも多い中、酒づくりの基本である米を大事にし、生産者を大事にする。いち早く底辺の部分から入り込んでいった山田明洋さんこそ、醸造家として本物だと思うんです。東条産の山田錦を使っていた蔵は昔からありましたが、東条山田の魅力を最大限に引き出し、爆発的に売ったのは山忠本家酒造だけ。唯一無二の存在です」

日本酒文化、という言い方がある。たしかに歴史があり、「国酒」として「SAKE」を世界に広めようという動きもある。しかし、尾崎は「日本酒は残念ながら文化にまでは至っていない」ときっぱり言う。

「フランスでは世界中のワイン愛好家がブドウ畑に集まって、サンドウィッチでワインを愉しむ。国を挙げてフランスワインの価値を守っている。方や日本酒はどうでしょう。日本のアイデンティティーも捨てて、外国産の安い米で醸して低コスト化したり、イメージ操作で間違った方向に消費者を誘導する動きもある。その責任は、政治にもあるし、メーカーや流通の姿勢にあります。嗜好品としての日本酒を愉しむ消費者にとっては、不利益なことばかりですよね」

そう嘆く尾崎は、日本酒を愛する者の使命として、常に消費者に対して誠実であろうと心がける。目先の売上げよりも、「いかに日本酒をお客様に愉しんでもらえるか」を最優先に考える。仕入れた酒にしても、開栓してみて状態がよくなければ「これはまだ出すには早い」と寝かせてみたり、客が注文しそうなタイミングに合わせてあらかじめ冷蔵庫から出しておいて最適の温度にしてみたり。

「これまで、取材してくださった多くのライターさんが、『こだわりですね』とおっしゃるんですが、僕にはそれって飲食店なら当たり前のこと。サービス業として普通のことだと思っているんです。もっと言っちゃうと、僕は自分の仕事を水商売として捉えていません。日本酒の普及が仕事だという感覚でやっています。他のことはできないかもしれないけど、日本酒に関しては、飲んでいただいた方にいい体験をして帰っていただきたいんですよ」

米による違い、製法による違い、精米歩合による違い、熟成具合による違い。それだけではなく、同じ瓶の酒でも、開栓してからの時間経過や温度による変化が愉しめる〝きちんとつくられた日本酒〟の世界。それを一人でも多くの人と共有するため、尾崎は自分にとっての〝普通〟を貫く。

「だからね、山田社長に対しても、言いたいことは言うんです。飲んでみてイカンかった酒は、俺は置かんからねって。それが消費者に対する正義でしょ。たまに怒らせてしまうこともありますけどね」

周囲の評価など気にせずに自分が納得できる旨い酒を追求するのが『義侠』の山田明洋なら、自分が旨いと思う酒を最適のタイミングで客に提供するのが「まほらま」の尾崎行雄だ。

ともに現在のビジネスの主流の考え方とは違っているかもしれない。しかし、日本酒の世界にこの人たちが存在する限り、私たち消費者は救われるし、次世代にその想いが繋がる夢を持てる。

酒たまねぎや

東京・神楽坂。坂の上のほうにある赤城神社の裏手の路地に、一般住宅に交じってひっそりと店を開ける居酒屋がある。派手な看板はなく、店の前には小さく書かれた酒のメニューがあるだけ。『義侠』『磯自慢』『初亀』『東一』『美丈夫』『明鏡止水』など、見る人が見れば「ただものじゃない」と一発でわかるそのメニューにも、ミーハーを拒絶するムードが漂う。

居酒屋なのに「ビールだけのお客様お断り」の店。その名は「酒たまねぎや」。テレビや雑誌のグルメ特集で得た情報をもとに神楽坂を歩く向きには、近寄らないほうがいい店だ。特に半可通が行こうものなら、必ず恥をかく。

しかし、一見するとコワモテの店主・木下隆義は日本酒初心者にもやさしく酒のことを教えてくれるし、予算や好みに合わせてくれる。そうそうたる蔵の最上位酒も、リーズナブルな価格で飲み比べできる。出される刺身は誰もが驚く一級品。著名な蔵元や飲食店も訪れる、〝伝説の居酒屋〟である。

店主・木下の日本酒に向き合う姿勢は、客席からも見える冷蔵庫でわかる。一本一本、銘柄と醸造年度が書かれた瓶は、丁寧に包まれて完全に遮光された状態でびっしりと整理されている。『義侠』の最上位酒『妙《たへ》』は、最初にそれが発売された一九九四（平成六）年十二月発売のものから最新のものまで揃う。

もちろん、『義侠』に限らず、木下が認めた銘柄の最上位酒が毎年買い足され、きっちりと管理されている。その徹底した管理ぶりと品揃えは、店を訪れる蔵元や飲食店も舌を巻くほどで、地方から上京した際には必ず「酒たまねぎや」に顔を出す常連蔵元も多い。

「最初に飲んだ『義侠』は、昭和六一年・六三年仕込みの三〇％の四合瓶でした。それまで飲んできた中で、一番旨いと思いました」

木下と『義侠』との出会いは、「たまねぎや」の前身、高田馬場の「いわしや」時代。一九九〇（平成二）年十二月、はせがわ酒店で薦められた『義侠』が、木下の心を射抜いた。翌一九九一（平成三）年の春には山忠本家酒造に行き『義侠』の酒の会で専務時代の山田明洋と会う。「はせがわ酒店」長谷川浩一も、「横浜君嶋屋」君嶋哲至も来ていた。まだ『義侠』の名が今ほど知られていないころの話だ。

「『妙』のファーストヴィンテージが出たのが平成六年。蔵出しが三百本の限定発売で、そのうち長谷川さんのところに回ってきたのが八十本。私、それ全部買いました。そうしたら、山忠さんからすぐ電話がかかってきましたよ。『お前、何本とるつもりだ』って（笑）」

一九九一年に初めて山忠本家酒造を訪れ、翌年には山田明洋の声掛けで東条の山田錦の田植えや稲刈りに参加し、有名どころの蔵元や酒販店、飲食店とともに田んぼで汗を流し、酒を酌み交わし、親交を深めてきた木下隆義。「はせがわ酒店」に入った『義侠　妙』のファーストヴィンテージ八十本を独占してしまう木下の大胆さも、長谷川浩一だからこそ受け入れたし、山田明洋も笑った。木下の日本酒に対する思い、そのためにとる行動については、よくわかっていた。

『義侠　妙』は、日本一高価な酒造好適米・東条産の山田錦を三〇％精米で醸し、五年以上熟成させたものをブレンドして瓶詰したもの。四合瓶で一万二千円（税別）という高級酒だ。

「平成六年のファーストヴィンテージは昭和六二年と六三年、平成七年のが六一年、六二年、六三年のブレンドです。日本酒はあくまでも工業製品で、そういう意味では味の安定は大事かもしれませんが、これはもう別の世界の話ですね」

一般的な酒呑みにとっては、滅多にお目にかかれないうえ、それなりに値段も高い。酒販店で手に入ったとしても、大事にちびちびやりながら舌鼓を打つくらいしかできないような代物だ。それが、この「酒たまねぎや」に行けば、約半合くらいのグラスで四千円から味わえる。もちろん普通の居酒屋で飲む日本酒よりは高価だが、そこに行けば確実にいい状態で保存された『妙』、ソールドアウトとなった幻のヴィンテージものに出会えると思えば、実にリーズナブルである。

『義侠』は、「はせがわ酒店」が地酒の世界で有名になっていくのに歩調を合わせるかのように、その名を日本酒通に轟かせていく。各酒蔵が精米歩合五〇％で「大吟醸」として上位酒に入れている時期に、早い段階から三〇％まで磨くという贅沢なつくりをしていたのは、数えるほどだった。今でこそ、「磨き二割三分」とか、もっと極端に削りに削って心白のほんの中心部分しか使わない超高級酒も話題になったりするようになったが、早い段階から「旨い酒をつくる」ために手間と時間をかけて米を磨き、その米にもこだわってきた山忠本家酒造・山田明洋の姿を、木下隆義はずっと見てきた。

「まだほとんど蔵元や酒屋さんが米の産地に行くことはなかったような時代に、米の生産者さんから啓蒙し、志ある蔵元さんや酒屋さんを巻き込んで、東条の山田錦を一大ブランドに育てたのは山忠さん。それは間違いない。米をぎりぎりまで磨くのも、熟成させてブレンドしたのも、山忠さんが先駆けでした。でも……」

日本酒を愛し様々な酒蔵を訪れてきた木下隆義は、山田明洋の先進性やリーダーシップを認めつつ、いわゆる「『義侠』信者」とは違うスタンスで語る。

「地酒が注目され、他の蔵がぐっと伸びてくるタイミングに、山忠さんは乗り遅れた部分もあると思います。たとえば設備投資。資金面での苦しさもあったのかもしれませんが、私の個人的な感想としては、もっとやるべきこと、やってほしかったこともあります」

木下は、ある例を語ってくれた。高知県にある小さな酒蔵の話。売り上げを大手メーカーへの〝桶売り〟に頼っていた時期、メーカーの事情で受注がなくなってしまったその蔵は売り上げを半分以下に落としてしまった。苦しい時期に、その蔵はあえて一千万円の設備投資をする。それは、日本酒の製造工程で必ず出る「酒粕」を効率的に処理する機械だった。

「大量に出る酒粕は、いってみれば産業廃棄物です。その蔵では酒粕を業者に依頼して処理するのに年間二百万円かかっていました。経費だけでなく、もう一つの問題がそれを管理する蔵人さんの負担。それが、一千万円のでっかい電子レンジのバケモノみたいな設備を入れることで解消できたんです」

年間二百万円かかった処理費用は5年で回収。蔵人の負担はなくなる。機械でアルコールを飛ばした酒粕は飼料や肥料として買い取る業者もあり、さらに、処理工程で抽出されたアルコールは焼酎として販売もできる。

苦しい時期に一千万円を投じたその蔵はそうやって経営を立て直し、本来のこだわりの酒づくりをさらに極めていく。銘柄のバリエーションも増え、V字回復どころか、さらに成長を続けている。

「『義侠』の蔵には旨い酒を続けてほしいし、別に大きくなることがいいというわけではないとは思います。山田社長も必要以上に大きくなることを望んでいないことはわかるんですが、あとちょっと、何かやりようはあるんじゃないかな、というのが個人的な意見です。もっとも、いろんな人が山忠さんに意見しているだろうし、ご本人なりの考えがあるんでしょうけどね」

酒蔵にはメーカーとしての、酒販店には小売店としての、商売と矜持がある。飲食店のあるじとしての木下隆義もまた、それらとは違うスタンスでの矜持がある。そして、われわれ一般の〝酒呑み〟は、こうした三者の矜持のバランスに出会えたとき、心から「旨い」

と感じることができる。木下の「酒たまねぎや」は、見た目や謳い文句に簡単に騙されてしまいがちな一般客にはとっつきにくいかもしれないが、素直に日本酒の世界に浸りたい客には、きっと至福の時間を与えてくれるだろう。

最後に、木下は日本酒と『義侠』を愛する飲食店主として、現在の山忠本家酒造に対してこんな期待を寄せていた。

「今、杜氏をやっている〝若〟、明洋さんの次男の昌弘専務は頑張っていますし、安定性もあって〝飲みやすい酒〟になってきたと思います。でも、もっともっと視野を広げて精進してほしいですね。お父さんである明洋さんが一大ブランドにした『義侠』に甘んじることなく、他の蔵元さんから学ぶのも一つだし、いろいろな意見を聞くのも大事。お父さんの背中から学んだ〝ぶれない姿勢〟を保ちつつ、謙虚な姿勢で取り組んでいってほしいと思います」

第三献

「旨い酒をつくる！」蔵元の矜持

前の二つの章で、酒販店、飲食店の立場から見てきた『義侠』。最後のこの章では、「つくる側」としての立場を中心に、『義侠』と山田明洋に迫る。その前に、これまで何度も出てきた「東条産山田錦」についても語る必要があろう。「旨い酒をつくる!」という思いの、最も象徴的な例だからだ。

平川嘉一郎（現・JAみのり東条営農経済センター長）

　酒造好適米の王者ともいわれる山田錦は一九二三（大正一二）年に兵庫県立農事試験場（現・兵庫県立農林水産技術総合センター）で「山田穂《やまだほ》」を母に「短稈渡船《たんかんわたりぶね》」を父として人工交配が行われ、一九二八（昭和三）年に当時の兵庫県加東郡社《やしろ》町沢部（現・加東市沢部）の酒造米試験地（現・酒米試験地）で現地適応性試験が行われた。その後一九三六（昭和一一）年、ついに兵庫県の奨励品種「山田錦」と命名され誕生。二〇一八（平成三〇）年の今日に至るまで実に八十二年間栽培が行われ、今後も継承されていく〝最高の酒米〟だ。米の粒が大きく、心白がきれいに中心にあり、高精白でも割れにくい。酒にとって雑味の元となる蛋白質や脂質が少ないこの米は、酒づくりに最も適した特徴を持つ。山田錦は全国の酒造家から高評価を受け、実際に新酒鑑評会では圧倒的な強さを誇っている。

　その山田錦の産地でも、最もすぐれた品質の山田錦を生産する地区として「特A地区」

という最上位に区分されている地域がある。その地域は、最初に山田錦の現地適応性試験が行われた現在の加東市管内の旧東条《とうじょう》地域と旧社《やしろ》地域の一部、隣の三木市吉川《よかわ》町と口吉川《くちよかわ》町にある。六甲山の北側の丘陵部に位置し、温暖で日照時間が長く、降水量は少なめ。それでいて六甲山系と北に控える丹波山地が夜間の暖かい空気を遮り、登熟期の夜の気温が低く保たれて昼夜の寒暖差が十℃から十五℃ある気候条件。土壌は水分や養分の保持力の強いモンモリロナイトという粘土質。良質の山田錦を栽培するに欠かせない唯一無二の好条件が揃う地域だ。

この地域で農協職員として勤め、山忠本家酒造の山田明洋と長い付き合いになるのが現在JAみのり・東条営農経済センター長の平川嘉一郎である。

「東条の山田錦の歴史を遡ると、『村米《むらまい》』と言って、集落ごとに灘の蔵元と取引する制度が長く続いていました。一九七七（昭和五二）年に大型乾燥調整施設ライスセンターが竣工し、違う集落の山田錦が混ざることにより、集落ごとの区分調整が難しくなりました。その結果、村米制度を断念することになったのです」

ここで「村米」を定義すると、古くからある酒造米生産者と蔵元との直接取引の関係で、これがあることで蔵元は指定する品質の米を確実に入手でき、米農家は確実に収穫された米を買い取ってもらえるという仕組み。兵庫県の特A地区山田錦生産者の多くは、兵庫県内、灘の蔵元と村米契約するのが通例だった。東条の山田錦も、ほとんど全量が灘の蔵元に納められていた。

「といっても、村米取引契約書があるわけではないんですよね。地域によって異なりますが、年に一回集落ごとの総会があってそこに蔵元を招待して、そこに蔵元が来たら継続、という大雑把なもので百年以上続いた集落もあるそうです（笑）。でも、伝統は伝統です。東条の村米はライスセンターにより途絶えてしまいましたが、十年ほど前にＪＡみのりを通じ復活しました。現在では八つの集落が灘、伏見の蔵元さんと村米取引ができるようになりました」

全国の蔵元が欲しがる山田錦でも、特A地区の山田錦は門外不出。兵庫県外では唯一、石川県の蔵元『菊姫』だけが特A地区吉川の山田錦を仕入れるのみだった。そんな時代に、『義侠』の蔵元・山忠本家酒造の山田明洋が愛知県から特A地区東条を訪れる。

山忠本家酒造に養子として入った山田明洋は、自分の酒のブランド価値を高めるため、「特A地区の山田錦」をなんとしても手に入れたいと考えた。一九八一（昭和五六）年、門外不出の特A山田錦であっても、石川県の蔵元『菊姫』が特A地区吉川の山田錦と取引していると知った山田は、吉川に交渉に行くが、にべもなく断られる。行き詰った山田は、元国税局鑑定官室長の永谷正治の紹介を受け、『菊姫』を訪問。そして社長の柳達司から、「吉川は無理だけど、東条ならいけるんじゃないか」とのアドバイスを受ける。そこで山田は吉川に引けを取らないレベルの特A地区東条に目を付けたのだった。

「当時のJA東条の組合長のところに直談判に行ったそうです。『兵庫県外には出さない』と断られ、それでもあきらめずに四～五年通ったそうです。でも、愛知から熱心に通う姿を見て、組合長も情が移ったんでしょうね。少し山忠さんにも分けてくれるように、県の酒造組合と経済連（現JA全農兵庫県本部）に交渉してくれて、それで山忠さんのところに東条の山田錦が行くようになった、と聞いております」

熱意が受け入れられ、東条の山田錦を確保できるようになった山田明洋だが、本当の格闘はこれからだった。

現地生産者の意識を一言で言うと、「日本一高い酒米を生産する心意気」は感じられなかった。宴会の乾杯をビールで行う農家を見た山田は、それが日本酒でないことに激しい違和感を覚え、その意識改革にも先頭に立つ。

「東条の山田錦を使っていい酒をつくり、この東条とともに生き残りたい、全国に周知したい、とおっしゃっていましたね。それで農家の方々とも熱心に対話し、ご自身のツテで有名どころの蔵元さんや飲食店さんやマスコミの方、日本酒ファンの方を集めて、田植えや稲刈りの体験ツアーをやるわけです。百人以上集まった時もありました。雑誌『フライデー』に、山田錦の心白をたとえた「白いダイヤを植える面々」なんて記事が出たこともありました」

このときに協力した農家を中心に東条山田錦共生会ができた。さらに蔵元有志で「フロンティア東条21」も結成された。その中心には山田明洋の姿があった。

山田はさらに、特A地区の山田錦により付加価値をつけるため、除草剤を使わない栽培法も提案した。除草剤を使わないということは、それだけ農家に負荷をかける。兼業農家が多かった東条の農家は、かなり抵抗した。それでも粘って協力者を一人、また一人ととりつけ、現在は国の基準をクリアする「特別栽培米」山田錦に、九人の農家が、約三ヘクタールで取り組んでいる。毎年夏、山忠本家酒造の蔵人がその田んぼに行き、草取りの手伝いをする姿がある。

「僕らには正直よくわかりませんでしたけど、『除草剤を使わない山田錦はすばらしい味になるんや』って何度もおっしゃってましたね」

しかし、産地と深くかかわるうち、山田には農業の現実が見えてくる。それは、深刻な高齢化だ。今は農作業ができても、後継者がいない。育てようとする気配もない。山田はそんな現実がもどかしく、このすばらしい米が途絶えてしまうことを恐れた。

「農協や行政も巻き込んで本格的に取り組まないと大変なことになる、とよく講演もされていました。関係機関も走り回っていたようです」

とはいっても、東条の農家は目の前の農作業に手一杯で、将来のことを考える余裕がなかった。通常、一軒の農家で耕作できるのが、栽培上倒伏の心配がない品種の食用米なら二十ヘクタール程度まで可能だが、丈が長く倒伏し手間のかかる山田錦を耕作するには一軒で五ヘクタール、無理をしても七ヘクタールが限界といったところだ。食用米よりはるかに高価格で売れる「日本一高い酒米」を育てても、最終収益にすれば食用米とさほど変わらないとあれば、あまりやりたがらないのもわかる。

「十アールで穫れる山田錦が六俵から七俵なのに対して、食用米は十俵穫れます。だから、JAでいくら山田錦の増産を推進しようにも、受けないのが現実だったんです。山田錦は面倒くさいし、機械が痛むし、背が高いから倒れてしまう秋がつらいですからね」

東条地区での山田錦とともに

それでも山田は言い続けた。東条の山田錦を守ろうと。いきなり現れた愛知県の小さな蔵元によって、はじめて自分たちが育てた米からできる酒の旨さ、価値を知り、意義を見出す生産農家も出てきた。山田錦が不足すれば、転作への道筋もつけた。ラベルの原材料の表示に通常「米」「国産米」とあるのが普通だった時代に、『義侠』には「東条産山田錦」と表示し、現地用に『東条の郷』という銘柄の酒もつくった。

一方山田錦生産地側は、平成の市町村大合併により東条の地名が消える。この危機的状況に東条の生産農家とＪＡ、市役所が一念発起。兵庫県加東市の東条地域で生産された醸造用の山田錦の玄米の商標登録を申請。二〇〇九（平成二十一）年地域団体商標登録第５２６４７０９号「東条産山田錦」の商標登録を特許庁より受け、東条の地名を発信し東条産山田錦のブランドを創り山田に呼応した。

「東条山田、というだけでなく、山田錦の名そのものを広めた蔵元さんです。最大の取引先だった灘の蔵元さんに配慮して門外不出だった東条の山田錦を、半ば謀反を起こすように山忠さんに出すようにした当時の組合長にしても、そういう山田さんの心意気のようなものを感じ取ったからなのでしょう。全農、ＪＡとは真正面から闘ってきた唯一の蔵元さんです」

山田明洋に当時のことについて聞いてみると、一晩では済まされなさそうな勢いで役所を始め農政に対する意見がマシンガンのように出てくる。山田の真っすぐな思いにたじろぐお偉方の滑稽な話が大量に出てくる。

その話はこの本の筋ではないのであえて割愛する。しかし、ただ一つ言えることは、山田明洋は「東条の山田錦を守りたい」という一心で、全力で地元農家、農協、役所とぶつかった。そして、いつの間にかその中に味方をつくっていたのも事実。その思いは、目の前に迫る高齢化と後継者不足を克服し、必ず特A東条地区山田錦を未来永劫継承していく礎になることだろう。

田尻信生（田尻農園代表）

現在、東条地区で山田錦を生産している農家は六百人ほど。そのうち、『義侠』の山田明洋がきっかけでできた東条山田錦共生会に所属する農家は十五人。その中で、山田の依頼で始まった「特別栽培米」に取り組んでいる農家は九人。かつては兼業農家で、元ＪＡ職員、現在は専業農家として「田尻農園」を営んでいる田尻信生は「特別栽培米」に挑む一人だ。

山田明洋とは、一九八八（昭和六三）年、ＪＡの営農課長という立場で接していた。その数年前、山田錦が灘と伏見とごく一部の酒蔵にしか出していなかった頃、粘りに粘って風穴を開けた山田は、東条の山田錦を吉川以上に有名にしようと張り切り、東条に何度も足を運んでいた。

「正直言って、山田社長の言っている言葉の意味がよくわかりませんでした。いきなり東条にやって来て、『吉川は本にも載ったりして有名なのに同じ特A地区の東条はどこにも載ってないから、東条の米でいい酒つくって東条を有名にしたる』なんて言い出すんですから。怒られたり、言い返したりと、しょっちゅうぶつかっていました」

田尻も農家も、当初は反発していたが、有言実行の山田は自分が中心になって全国から人を集め、田植えや稲刈りの体験イベントを実施した。田尻や農家は何が起こるのかわからないまま、協力せざるを得ない、というような状況だったという。

「北は北海道、南は九州、東京からもたくさん人が来ました。僕ら田舎の農家は人見知りなんで、いきなりほかの土地からやってきた方々にどう接していいかわからず、遠巻きに見ている人がほとんど。せっかく各地から人を集めたのに交流できない地元の人に対して山田社長は不満だったようで、よく怒られました」

今でこそ、蔵元や酒販店が米の産地を訪れることは珍しくないが、当時はまだ蔵と酒米生産者の関係ははっきり分離していた。農家は米を育て収穫してJAに出荷し、酒蔵はJAより仕入れた米で酒を醸す。お互いに顔を合わせることなどないまま、それぞれの仕事が成立するのが当たり前だった。

田尻は営農課長という立場だったから農家をなだめすかすのだが、農家はなかなか言うことを聞かない。山田明洋はそれに苛立ち、怒りを田尻にぶつける。

「だから正直、うるさい人だという印象でした。今だからわかるんですよ。当時の山田社長の思いが。特別な酒米をつくっている私たちの認識が浅かったのを、山田社長はなんとかして変えようとしていたんですね。本気で東条を全国にアピールし、高齢化していく東条の農業を活性化しようと真剣に取り組んでいたんです。酒をつくる蔵も、酒を売る酒屋さんや飲食店さんも産地を知っておくことの重要さ、農家も自分たちのつくる米がどうなるかを知っておくことの重要さを、三十年前からそれぞれに伝えようとしていたんです」

そもそも、酒米の生産者は、自分たちの米がどんな酒になるのかもわからないまま耕作していた。普段飲む日本酒は、三増酒だったりアルコール添加であったり、それはそれで日本酒とはそういうものだと思っていた人が多かったし、田尻自身も、日本酒は飲みすぎると二日酔いがきつくて頭が痛くなるものだと敬遠していた。だから、初めて『義侠』を口にした時は驚いた。

「田植えイベントの時に、山田社長が『えにし』を十本とか二十本提供してくれたんですね。その時に自分たちの米で醸された酒の味をみんな知るわけです。あー、山田錦の純米酒って、こういう味になるのかって。正直、味についてよりも、次の日に残らなかったことに一番驚いたんですけどね。感動でした。あれ？　頭痛くないって（笑）。それ以来、『山田錦の純米酒っていいですよ』って人に薦めるようになりました」

そのうち、山田明洋が中心になって行った田植えイベントに参加した農家の中から有志が集まり、「東条山田錦共生会」ができる。「共に生きていこう」と山田明洋が命名した会だ。

十五年ほど前、山田は共生会のメンバーに、除草剤を使わない山田錦へのチャレンジを提案した。田尻はその時はまだＪＡ職員だったから、着手はしてみたものの兼業農家には難しく、一部の農家同様、挫折してしまった。そして田尻は定年退職後に専業農家となり、本格的に特別栽培に取り組むことになる。

「近所からは変な目で見られますよ。草がいっぱい生えてくるわけだから。でもいろいろと試行錯誤しながらやっています。面倒な作業ですけど、山田社長に頼まれたことだし、手伝ってくれる仲間とあれこれ話しながらやるのは楽しいものです。一人だったらとてもできないと思いますけど（笑）」

低農薬、有機、除草剤不使用の手間のかかる特別栽培米。特Ａ地区というアドバンテージにあぐらをかくのではなく、さらなる付加価値の提案。これは、『義侠』に付加価値をつけるために東条の山田錦を求めて粘った山田明洋の「旨い酒」に対する執念の表れでもあり、同時に、東条という素晴らしい米の産地にも新たなブランド価値をつけることが生き残りの鍵と見ていた先見性でもある。

三十年前、山田明洋が危惧していた後継者問題についてはどうなっているのか。残念ながらそれはいまだに東条にとっては大きな課題となっている。田尻はＪＡ退職後、三ヘクタールで耕作していたが、後継者がいなくなった農家から引き継いだ耕作地が増え、現在は八ヘクタールになった。

「今、七十代で頑張っておられる方と、僕みたいに定年退職して専業でやっていこうという団塊世代の元兼業農家が中心。六十歳前後で若手ですよ。若い人はこんなに手間のかかる山田錦にはなかなか興味が持てていないのが現状。団塊世代が動けなくなったらどうなってしまうのか……」

こうした問題を解決するためには、リタイヤした高齢農家が手放した耕作地を、まとめ役となる誰かが引き受けて法人化し、効率的な経営で収益を上げていくのが理想。山田明洋は三十年前からその先導をするのがＪＡの役割だと主張してきたが、現実はうまくいっていない。

これには、現在食用米の二倍という山田錦の価格も影響しているようだ。山田錦が高く売れるからぎりぎりまで見切りをつけない高齢者農家が手放さない耕作地も多く、効率的な経営を考える人がいても、なかなか耕作地が集まらないからだ。米が高く売れるから後継者を育てないまま、自分が動けなくなったらそこで終わり。それを座して待っていたら、東条に未来はない。

それでも、山田明洋が指定する除草剤不使用の特別栽培米は無理でも、国の基準をクリアして「特別栽培米」を謳える米づくりでなら、生き残りの可能性はあると田尻信生は言う。ただし、それには行政やＪＡが積極的になることが必須。米流通の改革も必要だ。それともう一つ、地域の若い世代にいかに山田錦に興味を持ってもらえるのかも重要である。

「東条の農産物が山田錦に偏りすぎているのも問題です。たとえば野菜や果物なら、自分で味も確かめられるし、直販もできて、消費者の反応も伝わりやすい。『あれ、美味しかったよ』って感想は励みになるし、価格も自分で決められる。だから、同じ農家でもやってみようという若い人はいる。山田錦の場合、苦労しても結果がわからないから面白くないんでしょうね」

三十年前、東条にやってきた山田明洋は、東条に多くの蔵元や飲食店を呼び、山田錦の生産者たちとの交流を図った。そこで初めて自分たちの米がどんな酒になるのか、どんな評価を受けているかを知った。それにより、何人かの農家は誇りを持って取り組むことができるようになった。あの時、集まった蔵は今やどこもトップブランドになっている。はせがわ酒店も横浜君嶋屋も、日本酒業界の誰もが知る大物になった。

山田明洋の縁で彼らと三十年前に関わった東条農家にとっては、胸を張れる経験だ。田尻信生も、その思いがあるから、ＪＡ退職後に専業農家となり、山田錦以外に食用米や野菜・果物にも取り組みながら懸命に東条の農業の未来を考えている。その未来に、我々消費者が旨い日本酒を飲み続けられるかがかかっている。

山田明洋は今も言い続ける。

「東条の山田錦は本当にすばらしいんだ。その可能性は、計り知れない」と。

初亀醸造『初亀』

ＪＲ静岡駅からバスで四十分余り。藤枝市を走る旧東海道沿いの岡部町。戦前「志太杜氏」と呼ばれる職人集団が活躍し、戦後には全国から優秀な杜氏が集まって切磋琢磨した「技の交差点」の志太地域。かつての宿場町の酒蔵らしい風情あるたたずまいを見せるのが「初亀醸造」だ。一六三六（寛永一二）年に創業し、現在の岡部町に移ってから百有余年、現在十六代目の橋本謹嗣社長は、山田明洋との付き合いが最も長い蔵元でもある。もちろん東条にも行っているし、特栽米も仕入れている。

橋本が山田明洋と出会ったのは一九七七（昭和五二）年七月。蔵を継ぐ前、名古屋の酒類問屋の販売部門で流通を学ぶための修業時代のこと。会社がコンビニ業界に進出するための研修としての十日間のアメリカ旅行だった。

山忠本家酒造に養子として迎えられて間もない山田明洋は、橋本が酒類問屋に入社する少し前までそこで修業していたこともあり、その研修に参加していた。

蔵元としては橋本と山田の二名だけということもあってか、同部屋で十日間過ごした間柄だ。

アメリカ研修で同部屋になって一晩目。名刺交換すると同時に、山田明洋は橋本謹嗣にこう言った。

「ちょうどよかった、実は初亀さんに行こうと思ってた。酒が売れない時代だから、売れる企画があって、協力してもらえないかと」

二人とも蔵を継ぐことが決まっている専務。小さな蔵ながら、「ダイヤモンド賞」を受賞した実績がある銘蔵であること、静岡と愛知という東海道の隣県という近い環境。

ちなみに「ダイヤモンド賞」とは、一九六一（昭和三六）年から一九七六（昭和五一）年まで毎年開催された東京農大主催の「全国酒類調味食品品評会」で、与えられる金賞を三ポイント、銀賞を二ポイント、進歩賞を一ポイントとして累積し合計十五ポイントを達成すると与えられる、当時の最高権威である。『初亀』は一九六七（昭和四二）年、『義侠』は一九六九（昭和四四）年にそれぞれ受賞していた。

山田明洋が言った「酒が売れない時代」――高度経済成長期、爆発的に消費が拡大する中、日本酒業界全体の売り上げも右肩上がりだったのは間違いないが、橋本と山田が継ぐことになる小さな蔵にとってはたしかに、冬の時代だった。今でこそ、『初亀』も『義侠』も、それを置いている酒販店や飲食店は一目置かれるレベルの有名銘柄だが、当時はどれだけ権威ある賞を受賞していても売り上げには結びつかない不遇の蔵だった。

山田明洋が橋本謹嗣に提案しようとした企画は何だったのか。その前に、少し当時の蔵の様子を振り返っておく必要がある。

敗戦から復興し、奇跡的な高度経済成長をしていた昭和三十年代から四十年代を経て、昭和五十年代初期は景気もピークに達していた。アルコール類では昭和四十年からの十年で、ウイスキーが三倍、ビールが二倍、日本酒が一・五倍と売り上げを大幅に伸ばしていた。しかし、それを牽引していたのはテレビでCMを打つことができる大手酒造メーカー。地方蔵、特に東海地区の酒蔵は蚊帳の外どころか、見向きもされない悲惨な状況に陥っていた。橋本は、その状況をこのように語っている。

「日本酒と言えば灘か伏見こそ一流で、地酒は二流というイメージがついてしまい、地元でも相手にされなくなっていました。酒屋さんも大手の酒を置いておけばなにもしなくても売れるわけだから、地元の酒は値引きしないと置いてもらえない。そんな時代でしたから、十本に一本とか二本とか三本とか、おまけをつけてやっと置いてもらえるかという状況でした。『トイチ、トニ、トーサン』なんて言葉もあったくらいです（笑）」

経営に苦しむ地方蔵に、行政は合併を提案した。当時、それで合併した蔵もある。灘・伏見の有名な酒より安い定価で売るようにしてみてはという提案もあった。当然、それは経営をさらに圧迫する。そこで橋本の父親は、酒類卸業者の免許を取り、「初亀酒販」を立ち上げて経営安定を図る。

「問屋さんが買ってくれないなら自分の酒は自分が問屋になって売る、というわけです。特約になると莫大な保証金がかかるので、〝二次問屋〟という形で。初亀酒販で灘の酒を売って、初亀醸造で初亀をつくる。初亀は値引きしないと売れないから、そのマイナス分はウイスキーや灘・伏見の酒を売った利益から吸収してというやりくりで、なんとかしのいでいました」

経済成長の蚊帳の外。太平洋ベルト地帯の酒蔵は、世の中が明るい時代に、最も暗く寒い時代であったのだ。そのあたりは、県内の酒が県内で売れる東北や北陸の蔵事情とは大きく違う。

山田明洋が愛知県の山忠本家酒造に養子として入ったのはそんな厳しい時期だった。愛知県の酒蔵は灘や伏見の大手メーカーに自社で製造した酒をタンクごと売る「桶売り」で売り上げをしのぐのがほとんど。しかし、その「桶売り」＝「未納税移出」も、売り上げを伸ばす大手メーカーが工場を拡大して自社の生産だけで百パーセントまかなえるようになり、桶買いする必要性がなくなっていた。このままでは先がないことは明らかだった。

「初亀醸造の桶売りは全体の一割、多くて二割程度でしたが、より灘・伏見に近い愛知あたりの蔵だと売り上げの半分以上を桶売りに頼っていたところも多かったと思います。山忠さんも苦しい時期だったでしょう。そんな時期のアメリカへのコンビニ研修だったわけです」

アメリカ研修で十日間同部屋になった橋本謹嗣と山田明洋は、東海地域であえぐ小さな酒蔵の跡取りという立場もあって意気投合する。そこで一晩目、山田が橋本にもちかけた企画に話を戻そう。

「ダイヤモンド賞セットを売り出したい。日本に帰ったら会議したい」

それが山田の提案だった。当時の酒蔵にとって最高の栄誉であったダイヤモンド賞受賞蔵の酒として、『義侠』と『初亀』、それに『御代桜』（岐阜・御代桜醸造）と『花美蔵』（岐阜・白扇酒造）の四合瓶４本セットを四千円でデパートで売り出そうというものだ。

「東農大の権威ある先生に一筆書いてもらったりパッケージを作ったり。私の後輩が有名デパートを担当していたこともあって、そこで売ることになりました。初日は四社の専務が売り場に集まって意気揚々と」

しかし、結果は惨敗。それぞれの専務は大量に残った酒を言葉少なに持ち帰ることになった。それからしばらくの間、橋本と山田の連絡は途絶えることになる。

どんな賞をとろうが、テレビのＣＭにはかなわないという現実。橋本が名古屋の酒類問屋を退職して地元に戻った直後には、こんなこともあった。

「地元消防団の正月の出初式があるんですが、岡部の分団で出されたふるまい酒が、灘の酒なんですね。きっと当時の担当者さんにしてみれば晴れの席で最高のおもてなしという意味で灘の酒にしたんでしょう。先輩が美味しそうにそれを飲んでいるのを見て、なんともやり切れない気持ちになりました。つらかったし悔しかった」

もっともである。地元で代々御神酒を出してきた初亀醸造があるのに、しかもそこの跡取りが来ている目の前で、灘の酒を最高として出す人がいる、ありがたがって喜んで飲む人がいる。この光景は、橋本謹嗣にとって、一生忘れられないものになった。この状況をなんとか打開したいと、常に考えるようになった。

地元の酒より灘の酒。たしかにそういう時代ではあった。しかし、その一方で、地酒に目をつける愛飲家も徐々に増えつつもあった。一九七五（昭和五〇）年、時の首相田中角栄が中国訪問した際に土産として持って行った地元新潟の酒『越乃寒梅』がその火付け役となっていた。

「ある醸造アルコールメーカーから、日本地酒相互頒布協同組合に参加しないかという話がありました。各県一社が登録し、陶器の瓶に入れた地酒セットを毎月会員に販売する企画です。そりゃもう一合でも売りたいこちらとしてはすぐ乗りました」

橋本は初亀酒販として参加し、早速あちこちに声をかけ、県下で一千人の会員を集めた。元々多治見の陶器メーカーが持ち込んだ企画で、これが当たり、ずいぶん助かったという。

「でもね、酒の中身よりも、陶器を欲しがる人が多かったようです。たまに陶器でなく普通の四合瓶で出してみると、さっぱり売れない。そしてここでも、新潟の酒は人気で静岡は今一つでした。静岡にはお茶とみかんのイメージはあっても、日本酒というイメージはなかったんでしょうね」

初亀醸造にとって潮目が変わったのは、山田明洋に出会った昭和五二年の秋のことだった。橋本謹嗣は、温めていた企画を形にする。それが『初亀』の上位酒『亀』の発売だ。

一升瓶で一万円。当時の日本酒としては破格の高級酒だ。その発想はかつて修業時代に学んだことが生かされている。

橋本が修業した名古屋の酒類問屋では、勉強会が月二回行なわれていた。その中で『実践　ランチェスター戦略』と『逆転　発想の転換』を読んだ橋本は、市場を冷静に見つめ、自分の器に合った戦い方を身に着けていた。

そんな時、助手という立場であるデパートの営業担当になった橋本は、そこでバイヤーが地方の蔵に酒を売ってくれるようお願いしに行くという話を聞く。実家の蔵は売れなくて苦しいというのに、デパートがわざわざお願いしてでも欲しがる酒がある現実に、橋本は目からウロコが落ちる思いだったと言う。

一方、ちょうどその時期、東京ではある蔵が注目されていた。通常、二級酒が一升瓶千三百円で売られていたところに、半値の六百五十円という低価格を打ち出したその蔵は業績を伸ばし、「地方蔵の成功例」としてもてはやされた。現金で直接買い取りにいく方式や宣伝費をかけないなど徹底したコスト削減で業界最安値を実現したのだった。

「当時得意先だった東京の問屋さんに、『初亀さんは低価格やらないの?』って言われたことがありました。でも、それは違うと思ったんです」

名古屋の酒類問屋で学んだランチェスターの法則に照らし合わせれば、安いものは限りなくゼロに近づいていく。そういう薄利多売には、体力＝資本力が必要だ。より大きな資本力のある相手が同じ市場に現れれば飲み込まれてしまう。それは零細企業にとってはとるべき道ではないことが、橋本にはわかっていた。

「安いものも、高いものも、極端ならクチコミで広がる。金賞受賞蔵のうちの技術力なら高級酒で勝負すべきだ、ということで、『日本一高い日本酒』をつくろうと思ったんです」

そして一升瓶一万円の『亀』が発売された。「一本一万円の日本酒なんて、誰が買うのよ」と社員に笑われた。それでもいいと思った。誰もが欲しがるものは他の人も考える。売れないと言われるものこそ、小さいけれど確実な市場がある。それほど数多くつくるわけでもないから、リスクも少ない。橋本にはそういう自信があった。

ちょうど同時期、山忠本家酒造は義侠の当時の最上位酒『慶《よろこび》』を発売する。価格も同じ一万円だった。しかし、『亀』は特級酒、『慶』は二級酒という違いがあった。

「失敗しましたね（笑）。特級酒は重課税で、一本売れるたび三千円も税金を払わなきゃいけないんです。ちっとも儲からない」

しかし、『亀』も『慶』も着実に旨い酒を求める人に認められ、それぞれの蔵の実直な酒づくりは世の中のトレンドに流されることなくファンの心を捉え続ける。

昭和五十年代初期から蔵の跡継ぎとしての道を歩き、同じ時期に専務と言う立場で出会い、地方蔵として生き残るための道を模索し、様々な決断を下してきた。橋本は山田の誘いで東条にも通ったし、山田を通じてより多くの蔵元や酒販店や飲食店との交流も広がった。

こんな話もある。山田の提案で「ダイヤモンド賞セット」をやった時、山田が橋本に突然、「おぬし、給料いくらもらっとる?」と聞いた。橋本は名古屋の酒類問屋では七~八万円の月給だったが、実家に帰ってからは給料が出ず、子供ができたこともあってようやく三万円をもらうようになったばかりだった。橋本はその額をそのまま言うのが恥ずかしくて「年間百二十万円」と答えた。正直に言えば年収三十六万円だから、かなり見栄を張ったつもりだったが、それを聞いた山田は橋本を一喝した。

「たったの百二十万で食っていけるのか。これから初亀を背負う人間がそれっぽっちしかもらえんのなら、継がんほうがええ!」

思わず身を縮めた橋本だったが、やはり蔵を継ぐ以上は採算が合う商売をやっていかなければならないと心に刻んだ。

「謹んで嗣ぐ、って生まれたときから蔵を継ぐことになっていたわけですが（笑）、正直、うちの酒がどうしても売れなくて苦しい時期には、どうやって逃げ出そうかなんて考えてしまったことはあります。地方の蔵の酒がブランドになるなんて思いもよらなかったし、それどころか土下座してでも売らなきゃっていう時代でしたから。そんな中で、山忠さんをはじめ、助けてくれた酒屋さんなど、出会った方々のおかげでなんとかここまでは来られたと感謝しています」

低価格で争うのを避け、高品質な酒をつくり高くてもそれに見合う対価をつける道をほぼ同時に選んだ橋本謹嗣と山田明洋。橋本は『亀』について、特級酒にしてしまったこと以上に、今になって反省していることがある。

「あのとき、あのスペックで一升瓶一万円にしてしまったこと。四合瓶で出したら五千円、六千円ですよね。今なら珍しくもない。では十万円とか二十万円とかの高い酒を出そうとしたら、どれだけのことをすれば消費者の納得を得られるのかってことを考えた場合、一升瓶一万円はちょっと安かったかなって思うんです」

酒離れが進む中、日本酒全体の売り上げも右肩下がりである。しかし、吟醸酒を含めた特定名称酒については、毎年微増傾向にある。真面目に情熱を傾ける地方蔵が切磋琢磨し、酒を薦める側の酒販店や飲食店がそのストーリーや飲み方をきちんと伝える努力をしていけば、日本酒の世界はますます楽しくなりそうだ。

渡辺酒造店（『根知男山』）

米どころ、酒どころ新潟県の西端、富山県と長野県に隣接する山あいの地・根知谷。自然豊かなこの地で、原料米の生産から醸造まで自社で取り組む「地酒」の王道を行く小さな蔵がある。渡辺酒造店。創業は一八六八（明治元）年という歴史ある蔵で六代目の代表を務める渡辺吉樹は、山田明洋の影響を受けた蔵元の一人だ。

渡辺と『義侠』との出会いは、「はせがわ酒店」長谷川浩一がきっかけだった。新潟県糸魚川市の農家の二男として生まれ、東京の大学で経済学を学んだのちリース会社に就職。二十六歳の時、後継者のいなかった渡辺酒造店の跡取りとしてお見合い結婚を経て養子縁組。日本酒という、あまりにも畑違いなうえ奥の深そうな世界に足を踏み入れた渡辺は、暗中模索の日々だった。

「私は経済学部出身。醸造のことなど何ひとつわかりませんでしたが、ある程度の経験を積んだ三十歳のときに、義理の父は『一切をお前に任せる』といってくれました。とにかくやり切ろうという気持ちで、会社の構造改革に取り組みました。文字通り必死でしたね。そんな時期に、はせがわ酒店さんのことを知り、ほぼ飛び込みのような形で会いに行きました」

全国津々浦々の蔵を巡り、直接設備を見て、蔵元と会話を重ねることで自分なりのベストセレクトを心がけてきた長谷川は、突然新潟から訪ねてきた蔵元に驚きつつも、その熱意に感じるところがあって渡辺を居酒屋に誘った。

酒づくりには経験年数よりも心意気が大切なこと。そのことを長谷川はよくわかっていた。学び取ろうとする真っすぐな渡辺に、長谷川は感じ入るものがあったのだろう。このとき、長谷川が渡辺に飲ませたのが、『磯自慢』と『義侠』だった。

「飲んだ瞬間、こんな酒があるんだという衝撃が走りました。『磯自慢』は飲みやすい中にエメラルドのようなきらめきがある感じ。『義侠』は軽くて口当たりがよいけれども、奥行きがあって旨みがある。銘柄は『慶』だったと思います。とにかく両方とも今まで飲んだことのないタイプの酒で、本当にびっくりしました。と同時に、長谷川さんはこういうセンスの酒を扱うのだと認識をしましたね」

後日、長谷川から「兵庫県の東条町で山田錦のイベントがあるので、一緒に行かないか」という誘いの電話があった。酒造好適米・山田錦のことはある程度知っていたが、酒米についても勉強しておきたかったことと、長谷川浩一から直接誘いを受けた喜びもあり、渡辺は二つ返事で同行を決める。東条町には、このイベントを仕切る『義侠』の蔵元・山田明洋がいた。

「この人が『義侠』の人か、なるほど、という印象でした。ほかにも『磯自慢』『黒龍』『初亀』『松の司』さんなど、本や雑誌で知ったそうそうたる酒蔵の方々が来ていて、大先輩たちに囲まれた私はただただビビるのみ。とにかく手伝おうと一生懸命だったことは覚えています」

全国各地から集まった酒蔵、酒販店、飲食店、日本酒ファンなど総勢百人以上で、秋の東条の田んぼは熱気にあふれていた。地元で見慣れた食用米よりも背丈の高い山田錦は、黄金色の穂を輝かせて稲刈りを待っていた。地元農家と農協が準備し、イベントのための手刈りが始まる。

「今では普通に機械でやっているのを、わざわざ手刈りですよ。この刈入れの忙しい時期に、素人相手に鎌を持たせて手刈りをさせるなんて、よくもまぁこんな面倒なことをやるものだなぁ、と。人数分の鎌を集めるだけでもかなりの手間だったはずです」

ほかの参加者と違い農家出身の渡辺は、東条町の農家の受け入れ態勢に驚くと同時に、このイベントの意義について考えていた。これだけ手間をかけてでも、山田明洋が伝えたかったこと。協力した東条の人たちが伝えたかったこと。そこにあったのは、特A地区の山田錦がどんな場所で、どんな人たちが、どんな思いで、どれほどの苦労をしているのか多くの人に伝えようという熱意だった。

「イベントが終わると、大阪にみんなで移動して打ち上げです。確か仕切っていらっしゃったのは大阪の酒販店さんだったと思いますが、よくあれだけの大人数を引率したものだと感心しました」

酒宴は参加した酒蔵の美酒がずらりと並ぶ、何とも贅沢な空間。しかもその蔵元たちと直接、差しつ差されつという状況に、初めは味わいながら飲んでいた渡辺もいつしか緊張がとけ、酔いに身を任せた大阪の夜だった。日中の稲刈りの疲れと、滅多にない経験と、大先輩に囲まれての緊張。渡辺は大いに心地よく酔ったのだった。

渡辺を含め、このとき参加した蔵元がのちに結成される東条の山田錦を酒蔵の立場から盛り上げる組織「フロンティア東条21」となる。

渡辺吉樹が蔵を継いでしばらくたったとき、杜氏が渡辺にこう伝えた。「私が蔵人を連れてこられるのもそんなに長くない、これから先は、酒のつくり手を自分で調達してほしい」。

杜氏や蔵人は季節労働者、いわば出稼ぎである。春夏に農作業をし、農閑期に蔵に出向いて酒づくりをするこの方式がだんだん薄れていった最後の時期でもあった。

日本の産業構造の変化、高齢化によって杜氏集団に後継者がでてこない状況。また、醸造技術の進化により、あえてそれを必要としなくても酒がつくれる時代を迎えようともしていた。

幸い、新潟という地は地名だけでもブランド力があり、蔵の酒はよく売れていた。酒蔵の新米経営者として渡辺は、どうやって酒をつくり、どうやって会社を守っていくのかについて自問自答を繰り返していた。

そんなときに、山田明洋は経営者としての基本的なこと、普遍的なことを渡辺に告げる。

「社長の仕事は、全責任をとることだ」

渡辺は考えた。自分が責任を取る経営とは何なのか。山田明洋の場合は明確だ。常々口にしている、「自分が日本一旨いと思う酒をつくる」こと。東条という日本一の山田錦の産地を盛り上げ、それを原料としていい酒をつくる。そのために全責任を自分がとるという覚悟だ。では、自分はどうすべきなのか。

山田明洋は医師の家庭に生まれ、大学は法学部、見合いを経て養子縁組で山忠本家酒造の跡取りとなった。渡辺吉樹は農家に生まれ大学で経済を学び、見合いを経て養子縁組で渡辺酒造店を継いだ。自分と酷似した境遇の山田明洋が目指した道に対し、渡辺吉樹が選んだ道は、自分が生まれ育った地、暮らしている地とともに生き、地場産業を牽引していくという道だった。

本格的に酒づくりをする時期の酒蔵の労働時間は長い。特に冬場は長時間勤務が必要で、自宅にもなかなか帰れない。時流に反したその勤務形態では、新たな働き手が来ない。渡辺は、会社をきちんと存続させていくために、働きやすい環境を整えることに着手する。そのためには機械化できる部分は設備投資してでもやるべきだ。それが渡辺吉樹の判断だった。

「リース会社に勤務していたこともあって、資金調達の方法はわかっていました。その経験をもとに、借り入れをするための事業計画書を作成しました。三十一歳のときです。当時の会社の売り上げの二倍の設備投資でしたから、いかに大きな数字なのかはわかりますよね（笑）」

周囲はその金額の大きさに驚いた。それでも渡辺には返済できる自信があった。必要な自己資金について義父に相談してみたところ、反対はされなかった。

「山忠さんにこの資金調達の話をしたら、『お前、算数できないのか』と笑っていました。私がリース会社に勤務していたことは知っていたから、そういう反応だったのでしょう。私、変わり者ってことでしょうか（笑）」

その後も山田明洋と交流が続き、東条での農作業イベントにも参加を続けるうち、渡辺の中にある思いがよぎる。農家に生まれ育った渡辺にとって、田んぼは当たり前のように遊び場であり、生活の場であったこと。今の自分が取り組む酒づくりは、米ありき、田んぼありきなこと。渡辺は、自分の酒づくりが「農業ありき」ということに気づくのだった。

「私は、農業が基本にある酒づくりをしたいと考えるようになりました。ワインメーカーは目の前にあるブドウ畑で、自社の畑で採れたブドウを加工してワインにします。ならば、日本酒も同じようにできないか。原材料である米の産地と製造地が一緒になったものづくりはできないだろうかと」

会社の周囲にあるたくさんの田んぼ。しかしそのほとんどが跡継ぎもないまま耕作放棄地となるのを待っている状態だった。耕作放棄地を見ながら、ほかの土地から仕入れた米で酒づくりをすることは、農家で生まれた渡辺にとっては受け入れられないことだった。自分たちが酒をつくるその米は、自分たちがそこで育て収穫することが、その土地に根差した最高の環境での最高の酒づくりなのだと渡辺は確信していた。

生産（第一次）、加工（第二次）、販売（第三次）を一貫して行う産業を、第六次産業という。渡辺が目指したのはそこだった。

新潟の地に最も適した酒米は何か。それは兵庫生まれの山田錦ではなく、北陸の土壌にあった五百万石だ。渡辺は五百万石で最高の日本酒をつくることを志す。

しかし、それは渡辺が所属する「フロンティア東条21」の活動とは相いれないものになるのは自明の理でもあった。東条の山田錦を守り育てることが目的の「フロンティア東条21」にいながら、地元で五百万石を育てることには矛盾が発生する。渡辺は山田に「フロンティア東条21」の脱会を申し入れることにした。

「わかった。それはお前が選んだ道だから、ええがや。頑張れよ」

それが山田明洋の答えだった。地元でできた米で、地元の水を使い、酒を醸す。本来の地酒のあるべき姿を目指した渡辺を、引き留める理由などなかった。新潟という地の農家に生まれ育った渡辺ならたどり着くべき道でもあったのかもしれない。

そんな渡辺を応援したいという山田の気持ちは、盛大な送別会を開催したことだけでなく、渡辺の脱会を受け入れず、「永久休止会員」という特別名称でメンバーとしての名を残しておくことに表れている。

「今では、耕作地も増えまして、十五ヘクタールにもなりました。社員で作る自社生産の米の比率は九四％まで上がりました。残り六％も地元の契約農家さんです。農作業所、農機具もすべて自社で所有しています。米の検査も自社に穀物検定協会の検査官が来てくださって行なっています。ここまで徹底してやっているのは、あまり例がないでしょう。それがちょっと自慢です」

現在は販売所も建設中。販売だけでなく地域の集会所も兼ねたこの施設は二〇一八年完成予定、四年がかりの大事業だ。

ここまで時間をかけるのは、その施設を建設するための原材料から工法までのすべてを地元のものにするこだわりからだ。自社所有林で伐採した杉材を一年かけて乾燥し、地元で廃業寸前の製材所に頼み込んで製材、その杉材を丸ごと使った梁と柱で構造を作る。地元の材料を地元の大工が使って地元の施設を建設する——渡辺の酒づくりに対する思いの延長がここにある。

酒の名は『根知男山』。経営者の名は渡辺吉樹。酒蔵とは別世界から飛び込んだ男が、地元を愛し、地域に根付いた会社経営を続けている。よく似た境遇の『義侠』山田明洋と出会い、学び、選んだ別の道。渡辺は「山忠さんとの出会いがあってこその今だと思っています」と語っている。

山田佳代子（山田明洋夫人）

日本酒業界でコワモテとして有名な山田明洋を静かに支える存在・山田佳代子は、明洋を知る誰もが「あの奥さんあってこその山忠さん」と口をそろえる糟糠の妻。

『義侠』のラベルの筆文字はすべて佳代子の手書きによるものだ。

また、酒販店や飲食店などが蔵元を訪れる際には、いつも和服姿で穏やかな笑顔を浮かべ、やわらかな物腰でお茶を出し、場の雰囲気を和らげてくれる存在でもある。

後継者のなかった山忠本家酒造は、親戚筋を通じて養子を探していた。そこでともに親戚筋の長谷川明洋と川本佳代子の縁談が持ち上がる。

長谷川明洋は、九代目当主山田忠右衛門の妻の妹が嫁いだ先の医師の次男。川本佳代子は忠右衛門の妹の長女だった。

「実子ではなくとも孫には血が流れる」。旧家には、そういう考えが当たり前にあった時代だ。平成になって三十年も過ぎた現在でも、旧家ではいまだにこういう縁談はあるという。実は九代目山田忠右衛門も入婿である。

明洋と佳代子は、結婚して山忠本家酒造に同時に養子に入ることが前提で見合いをした。明洋が二十三歳、二学年下の佳代子が二十二歳。

医者の家庭に育ち、愛知の名門・東海高校を卒業して中央大学法学部に進学、一時は学生運動に足を踏み入れつつも弁護士を目指していた明洋。自営業の川本家で大事に育てられ、アルバイトも普通にはさせてもらえず、しいて言えば書道教室の代理教師程度だったという箱入り娘の佳代子。見合いをしてから結婚し山田家の籍に入るのには三年半の時間があった。

複雑な旧家に複雑な形で嫁ぐことになった佳代子だが、この三年半の婚約期間の間に明洋とわかりあうようになる。その時間があったこそ、苦しいときも支え合える夫婦になれたのかもしれない。

「代々続く蔵元としての表向きの顔と内情のギャップには、ずいぶん悩まされた時期もありました。でも、主人がいつも真っすぐに、蔵の未来のことを考えて頑張っている姿を見ると、私はそれについていくだけでじゅうぶん楽しかった。主人は誠実だし、三人の子ど

結婚当時の二人

も授かって、とても幸せです」

医者の息子として青春を謳歌し、弁護士を目指してから急転直下、蔵元の跡取りとなった山田明洋は、最初の数年は酒蔵の仕組みを覚えるのに精一杯。やがてその中でこの小さな蔵の未来のために自分のなすべきことを見出していく。前出の『初亀』橋本謹嗣らと「ダイヤモンド賞セット」を売り出したり、一升瓶一万円（当時）の高級酒『慶』を売り出したのは専務時代の一九七七（昭和五二）年。ちなみに、この年十一月に長女の晶子が誕生していることを考えると、毎年一二月に出る『慶』を楽しみにしている愛飲家は全員で山田明洋の長女の誕生を祝っているようなものだ。

しかし、義理の両親は裕福でも、明洋・佳代子の家族は金銭面では恵まれなかった。明洋が家督を引き継ぎ十代目社長となってからも、それはしばらく続いた。

代々続く酒蔵の社長であっても、山田明洋が乗る車は中古で五万円のカローラ。中学生になった長女から「なんでうちは蔵元なのにお金がないの?」と言われたときは、明洋も佳代子も本当に辛かったという。

灘の大手酒造メーカーへの桶売りをやめることにより大幅に落ちた蔵の売り上げをカバーするために、全国チェーンの飲食店のPBも引き受けた。家族旅行のために、夫婦でコツコツと積み立てもした。この苦しい時期に、義両親からの支援は一切受けられなかった。

山田明洋がその当時のことを語るとき、必ず出てくる五万円のカローラの話。元々車好きで、「セルシオやベンツは故障しないし静かで安全だが、つまらん。故障しても、手入れが大変でも、イタリアの車のほうがワシは好きだ」と言う。イタリア車の話をすれば少年のように目を輝かせるイタ車好き。どんなにトラブルがあろうが、アルファロメオの独特の乗り心地の虜だ。その車の好みもまた、『義侠』の酒づくりに表れているのは間違いない。そんな山田が中古の五万円のカローラに甘んじていた話を何度もするのだから、苦しい時代をいかに歯を食いしばって過ごしていたかがわかろうというものだ。

山田明洋は金銭的に苦しい時期であっても、酒づくりに関しては妥協を許さず、「俺が旨いと思う酒をつくる」ことに邁進した。佳代子は義理の両親との軋轢に耐えながらも、できるだけ明るくそれを支えた。そうしているうちに、明洋がこだわり続ける酒は日本酒のディープなファンの心をとらえ、『義侠』の名は知る人ぞ知る銘酒として徐々に広まっていく。

一九九二（平成四）年あたりからは、ようやく明洋も社長として自分の給料を上げることができるようになった。桶売りをやめ、売り上げを半分に落としてから十三年。全量純米とし、高級酒路線を走った山田明洋は、このあたりからやっと〝社長〟に見合う暮らしができるようになった。

「毎年十万円づつ給料が上げられるようになったんですもの。娘が私立大学に合格した時は、『間に合ったね〜♪』ってダンスを踊りましたよ」

そう笑う佳代子は、苦闘する山田を妻として、どんな気持ちでそれを見てきたのだろうか。

「あれだけ頑張っているのだから、深い、意味のある蔵にしたい。そういう思いがありました。それがだんだんそうなっていくのを近くで見られるのは、うれしかったですよ。うちの高級酒が欲しくて、飛行機や新幹線を乗り継いで全国から酒屋さんが来てくれるんです。本当に分けてもらえるかどうかわからないのに、遠くから来てくれるんですよ。時間もお金も使って。十人見えても取引できるのは一人くらいなのに。主人はあの通り威勢のいいタイプだから（笑）、それじゃあまりに申し訳ないと思って、私は、せめて感謝の気持ちが伝わるように、嫁ぐ前におばあちゃんが一生懸命つくって持たせてくれた着物を着て、丁重にお茶とかフルーツを出すようにしたんです。来ていただいてありがとう、という感謝の気持ちを少しでも伝えたくて」

これが、酒販店の間で伝説になっている「面接のときの奥様の着物」の真相だ。「着物を着ていたら断られる」「実は奥さんがサインを出している」「うな重が出たらＯＫ、カツ丼だと△」……。

本当のところは、すべてがただの噂にすぎなかった。受け手としては緊張感を感じる夫人の着物姿も、本人の意図はまったく別なところにあった。

「ガタガタ震えながらお茶を飲んでいらっしゃる方もいましたし、そういうときは私がボケで主人がツッコミのようなかんじで空気を変えようとしたこともありました。主人があまりに厳しいものだから、私はほぐし役のつもりでしたよ。でも、楽しかった。おばあちゃんに作ってもらった着物を着て、主人のお客様の前に出られること、それが主人のサポートになることが、うれしかったんです」

おっとりと語る佳代子からうかがえるのは、夫唱婦随を絵に描いたような夫婦。

佳代子は、明洋を〝初代〟だと思って接してきたと言う。厳しい時代に、すべてを背負っている山田明洋のその姿を一番近くで見てきた。日常生活の中で、フルーツを出すタイミングや切り方ひとつで口にしないような気難しいところも確かにある。ほんのちょっとのことで機嫌がわるくなるところもある。

それでも、佳代子は明洋のすべてを受け入れて幸せだと言う。

「主人がいるから、私がこうしていられるんだと思うんです。外側から見たら苦労しているように見えるかもしれないし、実際息子からも言われることもあるんですけど、私は主人あっての私だと思うんですよ。主人があぁいう厳しい人だから、バランスがとれているんですよ」

山田明洋は、家族を大切にしている。亭主関白、頑固親父に見えるかもしれないが、たしかに家族を心から愛している。資金繰りに苦しいときは積み立てをしてでも、安いところでも、必ず家族旅行をしてきた。余裕ができてからは、佳代子が行ってみたいというところに連れて行った。時間ができれば海外にも連れて行く。

「トルコ十三日間、っていうのもありました。楽しかった～。今度はあそこに行こうね、って話もしているんですよ」

想像してみてほしい。古希も近い夫婦が海外で十三日間二人きりでトラブルなく過ごせるなんて、それこそ奇跡だ。

この項の冒頭で、「あの奥さんあってこその山忠さん」と周囲が口をそろえると書いた。その当人である佳代子夫人から、「主人あっての私」という言葉が出てくるとは……。『義侠』には、そんな奇跡の夫婦のエッセンスが入っていると思って飲んでみると、もうひとつ味わいが増してくる。

山田昌弘（山忠本家酒造専務）

山忠本家酒造十代目社長・山田明洋には三人の子どもがいる。一九七七（昭和五二）年生まれの長女・晶子。一九七九（昭和五四）年生まれの長男・宏茂。一九八二（昭和五七）年生まれの次男・昌弘。山忠本家酒造の十一代目を継ぐことになる専務として「チーム『義侠』」を引っ張るのは、山田明洋社長の次男の山田昌弘である。

昌弘が蔵を継ぐことを考えるようになったのは、京都での大学生時代に遡る。地元の私立高校を卒業した昌弘は、大学を選ぶ基準を「かっこよさ」としていた。キャンパスさえお洒落でかっこよければ、学部は二の次だった。その結果、京都の同志社大学神学部に進む。

このときの居酒屋でのアルバイト経験が、昌弘が蔵を継ぐきっかけとなる。

「キッチンとホールでいろいろやらせていただきました。居酒屋って、いろんな大人に会うじゃないですか。そこでいろんな大人を見ているうちに、大人って意外とかっこわるいな、って思ったんです」

仕事を終えて解放された大人たちの居酒屋での姿は、学生から見たらさぞかっこ悪かっただろう。上司や取引先に対する不満をぶつけ、酔ってくると絡んだり、セクハラしたり。店のスタッフに対して威張ってみたり、トイレを汚したり……様々な大人のだらしない姿を目撃してきた。

「仕事をちゃんとやっていて、メシが食えて、自分の仕事を楽しそうにやっていて、人からも敬われている人って意外といないなぁと。そこで浮かんだのは父でした。で、まったく酒のことはわからないし飲めなかったんですけど、人生というカテゴリーで見たときに、父よりも楽しく生きられたら絶対楽しいな、って思ったんです」

酒蔵に生まれ育った。仕事をする父の姿は見ていなくても、家に戻って毎晩酒を飲み、饒舌になる父・明洋を見ていた昌弘の目は、それがとても楽しそうに映っていた。多くの大人が父を慕ってやってくるのも見ていた。夏と冬には全国各地から美味しいものが送られてくる。

「かっこよさ」を基準にする昌弘にとって、父・山田明洋は最高にかっこいい大人だった。

「姉も兄も私立の大学で都市部で一人暮らしをさせ、末の僕に至っては中・高・大と全部私立。大学生にもなると、それにはどれだけのお金がかかるかくらいはわかるようになります。改めて凄いことだな、と。毎月送ってくれる仕送りの金額と、自分がバイトで汗水たらして得られる金額を照らし合わせてみた場合、金銭的にもリアルに父の偉大さはわかりました」

兄は大学を選ぶとき、父に「やはり東京農大に行ったほうがいいですか」と聞いたが、父は「馬鹿言え。そんな必要はない。お前の実力で行きたい大学に行ってやりたい仕事に就けばいい」と言っていた。兄は東京の大学に進学し、マスコミ業界を志すことになる。

次男の昌弘が蔵を継ぐことを考えたのは、だからというわけではない。酒蔵の社長としての責任を果たしつつ楽しそうにしている父を見て、その道を歩みたいと心から思ったからだ。

そして大学二年のとき、昌弘は蔵を継ぐ意思を父親に伝えた。山田明洋は後日、このときのことを「次男が継ぎたいって言ってくれたときはほんとうにうれしかった」と語っているが、うれしい気持ちを抑えつつ、息子にこう言った。

「お前は大学も推薦で入り、受験戦争も体験しとらん。お前の人生には苦労が足らん。蔵を継ぐなど無理だから、やめておけ。ほかの道を考えろ」

しかし、昌弘はどうしても蔵を継ぎたかった。そんな昌弘に、明洋はたった一つの条件を出した。それをクリアしたら、蔵に入れてもいいと。

その条件とは、「誰でも聞いたことがあるような企業の内定をとること」。

単純に世襲で息子に継がせている蔵や酒販店の例をいくつも知っている山田明洋だ。中小企業のトップに立つには、有名企業も欲しがる人材でなければならない。その証明を「有名企業の内定」という形で自分に示すよう命じたのだった。

大学生の就職活動は、自分が働きたい場所を探すもの。しかし、山田昌弘の場合は自分が働きたい場所で働くためのチケットを得るためのものになった。

昌弘は、片っ端から有名企業にアタックし続けた。その結果、複数の超有名上場企業から内定を得る。

就職難の折、誰もが憧れるような大企業の内定。友人たちもうらやむような就活結果を父に報告すると、明洋はその内定を全部断るようにと息子に告げ、新たな条件を切り出した。

それは、「誰も知らない場所で、できるだけ安い給料で、酒とは関係ない仕事に三年間就くこと」。

山田明洋はその候補として、三つを息子に提示した。東京を拠点とする高級スーパーチェーン。誰もがその名を知る超高級料亭。そして和歌山の高級スーパーチェーン。

昌弘は社長との相談の結果和歌山の高級スーパーを選択し、大学を卒業後和歌山で三年間働くことになる。

高品質な品揃えを売りに、和歌山県下で五店舗を運営していたそのスーパーの子会社である酒販店が『義侠』の特約店だったこともあり、山田明洋は本店にも何度か顔を出していた。

高級路線を謳う店らしく、地元の買い物客はみんな着飾っていた。明洋は超有名企業の内定をとってきた昌弘の就職先には、この会社がちょうどいいと思った。

「現実を見てこい」と父に言われ、和歌山で修業した昌弘の三年間。丁稚奉公として申し分のない「逆ＶＩＰ待遇」の中、スーパーの現場で昌弘は死に物狂いで働いた。理不尽な経験もした。これは違うな、と思うこともあった。それでも昌弘は黙々と働いた。

山田昌弘が和歌山で初めて社員として給料を受け取った日。「これから日本酒の世界を学んでいくために必要なお酒をください」と、初月給の五分の一に相当する三万円を当時の酒販部門のトップに託した。その中に『義侠』の最上位酒『妙』があった。

「飲んで味わってみて初めて、鳥肌が立つような衝撃を受けました。味わいについてうまく説明はできませんが、この仕事には一生かかるんだろうな、と心から感じたんです」

目指すべき道、越えなければならない道。父親の仕事を、初めての給料で自分で買った酒で実感する山田昌弘。ほかの職業ではなかなかできない、ほかの親子ではなかなかできない、『義侠』ならではともいえる伝承の瞬間だ。

そして三年が過ぎ、山田昌弘は三月三十一日に退職して和歌山から愛知に戻り、四月一日に「山忠本家酒造」に入社した。その日から、昌弘は明洋のことを「お父さん」ではなく「社長」と呼ぶことになる。

大学二年、二十歳の時点で蔵を継ぐ意志を固めていた昌弘は、父を「社長」と呼ぶことに何の違和感もなかった。心から働きたいと思った会社の社長が、たまたま父親である山田明洋だったというだけだ。

山忠本家酒造で、昌弘は父親が杜氏に任せていた「つくり」も携わることになる。自分にそういう役割があることは、昌弘には十分わかっていた。

入婿として蔵に入り、大胆な経営改造をして高級路線を走り、熟成・ブレンドの妙味を突き詰めて『義侠』ブランドを確立した山田明洋。そのために最高の米を求めて東条に何年も足を運び、産地の農家を啓蒙しながら東条の山田錦をアピールした山田明洋。それを優先させるためには「つくり」の部分は杜氏に任せるしかなかった。

「ブランディングも含めた経営の部分は、社長がしっかりと築きました。そのおかげで自分は〝つくり〟をじっくりとできる。『義侠』を〝つくり〟の部分から支えていくのが、自分の使命だと感じました」

基本は伝説的な杜氏・佐藤勝郎の後を受けた前杜氏の杉村洋から学ぶことができる。わからないことは直接、父親である社長に聞くことができる。昌弘は、大学二年のときに願った「父のようなかっこいい大人」に近づける予感に、厳しくも楽しい日々を送る。

「ほかの蔵のジュニア世代とよく話すんですが、だいたい蔵の跡継ぎは父親とぶつかっています。このままじゃ経営がどうだとか、今どきのマーケティングがどうだとか。でも、うちにそれは一切ありませんでした。もちろん、自分なりの意見や、新しい提案を出したりもします。でも、社長はそれを聞いて、なぜだめなのか、きっちりと説明してくれ、それがほとんど納得できるものなんです。たとえ反発しようにも、僕にその根拠がしっかりと提示できない以上、ケンカにはなりませんよね」

こうして山田昌弘が山忠本家酒造に入社して三年経ったある日のこと。いつもの家族の夕食の席で、いつものように酔って饒舌になった父が放った言葉に、団欒は凍りついた。

「もう我慢できないから言うけど、お前が入社してから三年間、うちの売り上げは一円も上がっていない。お前がいる理由は何なんだ?」

山田昌弘は何も言えずに泣いた。物心ついて初めて、家族の前で涙した。情けなかった。悔しかった。

自分の存在理由を、この三年間、いやその前の修業時代も含めると六年間の自分のしてきたことが数字になっていない現実を、はっきりと目の前に突き付けられた。残酷なほどに。第三者からしてみれば、山田明洋のこの一言は昌弘にとって理不尽すぎる。なぜなら、山田昌弘は蔵を拡大するより「俺が旨いと思う酒をつくる」ことを何よりも優先していたし、「わからない奴は買わなくてもよい」という姿勢を貫いていたから。

実際、山田明洋は得意先に入社間もない昌弘を同行させる際には「売ってくれ、買ってくれは言うな」と教えてきた。若く、意気込んで、蔵のためになんとか役立ちたいとはやる後継者を抑えてきたのは、山田明洋自身だ。

それでも、息子。「売るな、媚びるな」と言いながら売り上げが上がらないことを責める、まるで禅問答のような父親の言葉に、昌弘は哲学を読み取った。だから泣いた。「それは無理」と返してもおかしくないことに、一言も返すことなく、どうすればいいかもわから

十一代目・山田昌弘氏

ず、ただ不甲斐ない自分を責めて泣いた。そして何かを心に刻んだ。

それまで「好きなようにやれ」と言ってきた父。その背中に憧れ、必死についてきた。あんな言葉を出すそぶりも見せなかった。でも、酒を飲むと饒舌になり本心を出す父のことはわかっていた。その父が、ずっと貯めていたかのように放った本音。

山田昌弘は、目を覚ましてくれた父親に感謝している。

「いまだに答えは出ていません。ただ、あんなふうに言われて、単純に悔しかったんです。でも、あのときから、がらっと考え方が変わりました。つくりに入っているときや、従業員に対する態度、外の方に対する言動。何から何まで、『山忠』の息子ではなく、『山忠』の山田昌弘として、意識して行動するようになりました。というと大げさかもしれませんが、簡単に言ってしまうと、どこから見ても一生懸命に見えることを意識することです」

簡単ではない。どこから見ても一生懸命というのは。それを決意させるために、最も効果的なタイミングを山田明洋は息子の姿を見ながら考え抜いていたのだろう。

考え抜いて伝えた父と、それを感じ取った息子。あのときの父親の言葉が、現在の山田昌弘をつくっている。

父の生き方を「かっこいい」と思い、その世界に飛び込んだ。「お前が会社（の顔）になる日が来るからな、お前が成長しないと会社の成長はないからな」とは日頃言われていた。うなずきながら、そんな父と仕事をするのは楽しい日々だった。そこに満足しかけた自分に、父から突き付けられた鮮烈な現実。

「今思うと、たしかに調子に乗っていた三年間でした。社長が築いてくれた『義侠』という看板が、僕にとってマイナスに働いていた時期でした。どこに連れて行ってもらっても『義侠』の息子さんというレッテルがあって、何も結果を出していないのに『俺って凄い』なんて勘違いさせる爆弾がそこらじゅうに転がっていました。何も知らずに地雷原を歩い

山忠本家酒造・蔵元内

て、うっかり地雷を踏んで気づかない自分がいたかもしれない。最近、僕よりも下の世代で親の仕事を継いだ人を見ていると。改めて気づかされることもあります」

おそらく日本酒の世界に限らず、伝統と言われる世界以外でも、様々な局面でこういう「継承」の瞬間はあるだろう。ただしそれは、伝え手と受け手のタイミングが大切だ。山田明洋と後継者・山田昌弘の間には、それが絶妙のタイミングとなった。

キーワードは「三年」。山田昌弘が山忠本家酒造に入社するまでの和歌山での修業が三年。入社後、目覚めさせる言葉に三年。

適正な環境におくと三年間という時間が劇的な変化をもたらすことは、『義侠』の熟成酒が物語っている——そんなことを言ったら、山田明洋に笑われるだろうか。

山田昌弘は現在三十五歳。父に憧れて蔵を継ぐことを決意して十五年の月日が経つ。日本酒の世界では「まだまだ青い」世代だ。その一方で、第一次地酒ブームを担った蔵の息子が続々とこの世界に入ったり、無名だった地方蔵の後継者が新たな技術と感性で挑戦を続けたりして注目される人も出てきている。

『義侠』を育てた山田明洋からバトンを受けることになる昌弘は、そんなことにはプレッシャーを感じていない。もっと冷静に、十年二十年三十年と先を見ながら、今の自分がすべきことを考える。

父がこだわり続けた『義侠』の味も評価も知っている。マイナスな意見も建設的な意見も聞いている。技術の遅れも、時代への対応の遅れも認識している。父が育てた『義侠』に惚れこんで取引を願った酒販店や飲食店の声も届いているし、すべて謙虚に受け止めている。

山田昌弘はその答えを、言葉でなく自分たちが出す酒で表現しようと格闘中だ。

「〝つくり〟に関して言えば、無茶苦茶いじってますよ。設備投資もそうですし、僕たちになっていじっていない工程は一つもありません。毎年どこかいじってます（笑）」

父から「好きなようにやれ」と小さいころから言われ続けた山田昌弘。その裏側にある重さは十分に理解している。「楽しそう」「かっこいい」の本質が何からできているのかを、父・山田明洋の生き方から本能的に学び取っている。

「同世代の人と話をしていて、自分だけ考えが違うことがあります。そういうとき、なんかうれしいんですよ。あ、俺、山田明洋の息子だって実感できる。裏、裏いけばいいんじゃなくて、そこに自分なりの意味が明確にあって初めて個性と言えると思うんですよね。そして、これからの時代残っていくのは個性ある蔵だと思うから、それを大事にしたいと思っています」

「俺は嘘をつかずに生きてきた」――それが晩酌をする山田明洋の口癖だったそうだ。

「そんなことを言う奴が一番信用できない」なんて簡単に口にする人は多いけれど、それはどこかやましい部分があるからだ。山田明洋の息子・山田昌弘は嘘をつかない父に憧れ、嘘をつかない自分であるために『義侠』を醸す。なぜなら、それが「好きなようにやれ」と言われ育った、自分が一番好きなことだから。

二〇一七年九月、山田昌弘は〝本吉兆〟こと大阪の「吉兆高麗橋本店」から宴席での日本酒の解説を依頼され、家族で超高級料亭に行った。その少し前に山田明洋に取材したとき、このことを実にうれしそうに語っていたのが印象的だ。

「あいつがうらやましいんだよ。ワシだって本吉兆に招待なんかされたことないのに、ちょこっと日本酒の話するだけで家族全員招待だよ。ちっちゃい孫まで。本吉兆だよ、高っかーい器を割っちゃったりしたら大変だよ（笑）。それにしてもうらやましい話だ」

もちろん、自分自身も招待はされているのだが、そう語る山田明洋は、日本酒業界が恐れをなす〝山忠さん〟ではなく、間違いなく一人の父親の顔だった。この父親の深い愛情と日本酒に懸ける心意気を受け継いだ次期蔵元・山田昌弘ならきっと、進化した『義侠』を日本酒ファンに提示してくれるはずだ。

締めの盃『義侠』の魂
〜山忠本家酒造十代目当主・山田明洋

日本酒が嗜好品である以上、好みというものがあるのは当然だし、米と水という自然な原料をもとに、人間が微生物の働きを微妙にコントロールしながら手間と時間をかけてつくっているものだから、当たりもあればはずれもある。

その中で、『義侠』がほかに類を見ない特別な日本酒であることは、飲んでみればわかること。だが、飲んだことのない人や、過去に一銘柄のみ口にしてそのときの『義侠』だけでイメージがついてしまった人に、それを言葉で伝えるのは不可能だ。そもそも本書は『義侠』のカタログでもないし、宣伝用の文章でもないし、グルメ雑誌の日本酒特集ではないから、具体的な味の表現や評価は極力避けてきた。

それよりも、『義侠』という酒が、酒に一家言ある日本酒マニアの心をつかみ、各地の酒を飲み比べた専門家をうならせ、地酒の品揃えで評価の高い酒販店がたいへんな思いでその取引を望み、飲食店が自信を持って客に提供したがるのか――それを探ることにより、『義侠』の本質を浮き彫りにしようとここまで書いてきた。

ここでは、愛知の小さな蔵の『義侠』を現在の位置に押し上げた山忠本家酒造十代目社長・山田明洋の人物そのものを掘り下げていく。

特A地区東条の最高の山田錦を使い、丁寧に磨き上げ、小ロットで何種類も仕込みを変える。さらに、長期保存し熟成させることによって味のふくらみを引き出し、複数の醸造年のものをブレンドすることで別次元の味を引き出す。それが『義侠』の高級酒の世界だ。

長期熟成と言うと、フランスのボルドーやブルゴーニュのワインをイメージするが、まさに『義侠』の熟成酒の出すまろやかさは、〝日本酒版ボルドー〟。筆者は想像した。裕福な家庭に育ち、若い時期から舌の肥えていた山田明洋は、元々ワインやシングルモルトウイスキーを愛していた。それが山忠本家酒造の後継者として養子として入り、それまではとんど飲んでこなかった日本酒の世界に足を踏み入れることになって、「日本酒にも長期熟成の可能性があるのではないか」と考えたのではないだろうか。

そう勝手に推理し、そんな質問を山田明洋にぶつけてみると、あっさりと否定された。

「そんなんじゃない、実は偶然の発見でね（笑）。売れ残った在庫を醸造年ごとに飲み比べして遊んでいたら、突然、意外な味わいになった。利き猪口に残った酒とそこに注ぎ足した違う年度のヤツが微妙に混ざり合って、あれ？　って。これまで飲んだことない味わいだったから、これは面白い！　って、いろいろ混ぜてみるようになったんだ。そしたら、組み合わせによってとんでもなく旨いのができたっていうのが真相」

医師の息子で法律家を目指したはずが、思いがけず日本酒の蔵元十代目の道を歩むことになった山田明洋は、日本酒の味を理解するために蔵の豊富な在庫を飲み比べていた。毎日そうしているうちに、日本酒の味というものへの理解を深めていった。

元々鑑評会金賞受賞蔵の酒だから、それを長く熟成させるうちに味のふくらみが出てくる。それぞれ醸造年ごとに、酸味、甘味、苦味、旨味などなど、微妙に個性の違う酒を混ぜ合わせることによって味のバランスが変わってくる。

「それぞれの味のとがった部分が、混ぜることによって球体に近づいていく。それを面白がってやってみただけで」

しかし、そうやって旨い酒ができたとしても、決してそのまま商売に結び付く商品とはならない。

「だいたい、酒の味のわかる人は、そうはいない（笑）」

だから、それが売れるとは山田も思っていなかった。ただ、自分の日本酒の感覚が研ぎ澄まされていくうちに、山田明洋は入社当初漠然と描いていた「日本一の位置につきたい」という思いを強くしていく。それも「俺が旨いと思う酒で」。

専務として蔵の一切を任された頃は地方蔵にとって冬の時代。山田明洋は生き残りを懸けて、将来性のない「桶売り」をやめる。売り上げを大きく落としながらも「自分が旨いと思う酒で日本一になる」という強い信念がその支えだった。

金賞を受賞してきた新酒鑑評会への出品をやめ、杜氏に自分が求めるつくりを細かく指示。その一方で、最低限の売り上げ確保のために『義侠』の名を出さないPB商品も一時的に手掛けた。同時に、旨い酒のために必要な日本酒好適米の、それも最高級の特A地区東条の山田錦を手に入れるために奔走した。

山田明洋にとっての「旨い酒」ができるようになると、それを熟成させたものをブレンドし、より味のカドがとれて洗練された高級酒ができるようになる。売れなくてもいいと思いつつ出荷した一升瓶一万円の〝二級酒〟『義侠　慶《よろこび》』の誕生だ。第一子で長女の晶子が生まれた一九七七（昭和五二）年のことである。

「最近になって、女房と昔の話をよくするようになったんだけど、『あんたは、本当に変わった人ね。お金儲けに興味がない、有名になることにも興味がない』って、今さら」

取引を望む酒販店を選択し、一般には宣伝や販促もしない。いまだに山忠本家酒造はSNSどころかホームページもない。旨い酒をつくるための山田錦を確保するために何年もかけて交渉し、現地の生産業者を啓蒙し、酒販店や蔵元やマスコミも集めて山田錦のPRに努めることはしてきても、『義侠』そのもののPRはしない。すべては、「俺が旨いと思う酒をつくる」ことが前提にあって、商売を含め付き合う人物も「この人と飲めるか」が基準。

それをいちばん近くで見ていた佳代子夫人が山田本人には「変わった人ね」と言いながら筆者の取材には「この人あっての私」と語る、それが、山田明洋なのだ。

変わった人、つまり個性。頑固者、それは意志の強さとぶれのないスタンス。そこには、車好きでも知られる山田明洋がもっとも愛するイタリアの車、アルファロメオに共通するものがある。

自動車を「移動のための道具」と捉えるなら、速くて安定した走りで乗り心地が良くて故障しないものを目指す。世界の大手メーカーは切磋琢磨し、そういう車づくりを目指してきたし、一般ユーザーの多くもそれを求める。しかし、「車を運転すること」を趣味として捉えた場合はどうだろうか。山田明洋は、アルファロメオがどんなに手のかかる車なのかを分かった上で、それも含めて愛している。そこには工業製品としての自動車ではなく、職人が思いを込めてつくった〝クルマ〟があるからだ。

「なんともいえないセクシーさがあるじゃない。それが癖になる。欠点を挙げたらきりがないクルマだけどね。この前も、修理が上がって納車された翌々日に、十分でエンジンを切ったら、またかからなくなっちゃったし（笑）」

愛おしそうにアルファロメオを語る山田明洋を見ると、それが山田明洋と『義侠』の本質に見えてくる。

「要は、欠点をなくしていくか、長所を伸ばしていくか、だ。どっちが面白い？」

山田明洋はこう言った。やっぱりそうだ。だから山田明洋も、『義侠』も、愛される。メジャーな人気者でも売り上げナンバー・ワンでもなくても、熱愛する人がいる。原材料である米づくりをする人も含め、〝つくり手の思い〟があるからこそ、敏感なファンはそれを愛し続けるのだ。

愛車のアルファロメオと一緒の山田明洋・佳代子夫妻

そう言えばこれまで取材してきた関係者もまた、それぞれ全くタイプが違うのだが、強烈な個性を放つ人ばかりだった。そういう人たちが自然と引き寄せられるのが、ひときわ強い個性を放つ山田明洋の〝俺が旨いと思う酒〟、『義侠』なのである。

義侠
GIKYO
生酒
義侠
侶
游
義侠
GIKYO
慶
義侠
泰
妙

おわりに

日本酒のディープなファンに愛され続ける酒『義侠』を醸す愛知県の小さな酒蔵・山忠総本家酒造。十代目社長は山田明洋。その本質に迫ろうと、山田社長自身と、社長と関わりの深い人々を取材してきた。いずれも、その業界で名を馳せる方々ばかりである。名前なら、山田明洋よりも有名な方もいる。どの方にも共通していたのは、人間としての濃密さ。「生きる」って、こういうことなんだ！　自分のこれまでの雑な生き方に恥じ入るばかりで、取材を終えてもしばらく書き出せずにいた。

自身が濃密に生き、かつ山田明洋と長く深い付き合いをしてきた方々の話を、それぞれほんの二〜三時間聞いただけで、本当に『義侠』や山田明洋の本質を伝えきることなどできるだろうか。あまりに恐れ多く、悩みに悩んで、なかなか取り掛かることができないでいた。

そんなある日、三十年以上付き合いのある友人と会うことになった。私は『義侠　純米原酒　共生会特別栽培米　六〇%』をはせがわ酒店で手に入れ、新聞紙に包まれた一升瓶を風呂敷に包み、持って行った。そう、東条の田尻さんたち共生会が丹念に育てた特別な山田錦の磨き六〇%。その友人は、かつて岐阜で小さな居酒屋をやっていた時期があるが事情があって店をたたみ（なんと店の名前は「たたみや」だった!）、今は普通のサラリーマンをしている、大酒飲みだ。

その友人と『義侠』をさしつさされつ、これまでの取材で感じたことを話した。話はあちこち飛びながら、自分たちの思い出話も交えながら。

三時間ほどで、一升瓶が空いた。二人ともそれなりに酔っぱらった。帰り際、友人が私の肩をたたいてこう言った。

「いい酒だった。書けよ」

翌日からやっと書き進め、今はこうして最後の一文を書いている。

山田明洋とは何者なのか。

「俺が旨いと思う酒」を突き詰めて、ほかの蔵がやらないことをやってきた。売り上げが大幅に落ちるのを承知で地域の蔵に先駆けて「桶売り」をやめ、早くから高級酒にシフトし、東条の山田錦を一大ブランドにした。

では、『義侠』とは何なのか。

『義侠』のすべての瓶の中に、山田明洋がいる。とっつきにくい、という人もいるだろう。怖いと尻込みする人もいるだろう。最初から「これだ!」と思う人はかなり変わり者だ。しかし、付き合っているうちに「いい!」とわかってくる人が増えてくる。いちどその魅力にとりつかれると、また会いたくなる、ずっと付き合いたくなる存在。

この本のための取材中、本書の企画者であり取材のアレンジをしてくれた宮崎敬士さんが、面白い話をしてくれた。

それは宮崎さんが制作会社の代表として、ある会社のコンペに参加することになった時のこと。手ごわい競合がいる中、宮崎さんはプレゼンに勝つ方法を考えて、はたと思いつき、山忠本家酒造を訪れた。そして、佳代子夫人にお願いしたそうだ。「ラベルに、『わいろ』って書いてください」。佳代子夫人は笑いながらもその場で筆を取り出し、書いてくれたそうだ。

宮崎さんはそれを一升瓶に貼り、風呂敷に包んでコンペに出陣した。そしてプレゼン先の社長に渡した。「何ですかこれは?」「酒です。開けてみてください」。笑いはとれたが、コンペには落ちたそうだ。

大笑いできるような話でもないけれど、ここに『義侠』のふところの深さがあるように思う。とっつきにくかったり敷居が高かったりするかもしれないが、しっかりと付き合っていけば一見無謀な遊び心も受け入れてくれるということ。

日本酒は米と水と微生物の働きを人間が試行錯誤の末にコントロールしながらできている。長い歴史の中、そうやって酒がつくられている。かつてはつらかった作業は機械化によって省力され、様々な局面で合理的にハイレベルの酒ができるようになってきた。

思い出してみてほしい。カラオケではかなり歌がヘタでもそこそこ上手く聞こえるように機械が調整してくれるようになった。プリクラでは今日も実際以上の美人が量産されている。テクノロジーの恩恵だ。

「日本酒処　華雅」のカウンターで、山田社長が呟いた。「AIが進化したら、町の内科医なんか、いらなくなるだろうなぁ」。なるほど、過去の膨大なデータから最適な処置を選び出すことは、コンピュータの得意分野だ。正確に、的確に、迅速にものごとを進めるにはコンピュータは欠かせないし、それによって救われることだってたくさんあるだろう。
ＡＩが進化すれば、「売れる酒」「流行の酒」とインプットすれば本当に売れる酒ができてしまう時代が、目の前まで来ている。新酒鑑評会で金賞を受賞するくらいなら、現在のレベルでも十分可能かもしれないくらいだが。

それでも、たとえどれだけＡＩが進化したとしても、『義侠』はつくれない。ハイレベルの酒が安価で飲めるようになるのは、われわれ酒呑みには正直うれしいことではあるが、その酒にはストーリーがない。多分、『義侠』のように誰かの人生を変えるところまではいかないだろう。

ＡＩには「俺が旨いと思う酒」という意志も心意気もないからだ。
そこに、つくる人間の価値がある。『義侠』に限らず、心意気と誠意をもって酒づくりに取り組む地方蔵には、ひるむことなく自分の酒を追求していってほしい。酒販店やメディアには、そういう蔵を見つけ、蔵や酒のストーリーを伝えてほしい。

この本にご登場いただいたすばらしい方たちは、それぞれの生きてきた自信をベースに、それぞれの言葉で、『義侠』を語ってくださった。日本酒の世界の入り口付近でずっとウロウロしているレベルの私がどんな拙い質問を投げかけても、やさしく誠実に答えてくださった。この方々全員の中に、「山田明洋」がいる。

こちらの文章スタイルのため敬称を略させていただいた非礼をこの場を借りてお詫びするとともに、心から感謝の意を表したい。

さて、「おわりに」を書き始める前に冷蔵庫から出しておいた『義侠　プルミエ　グランクリュ　クラッセ　アー』が、そろそろ飲み頃の温度になっただろうか。君嶋酒店を取材した帰りに買って、このときのために眠らせていた酒だ。

今夜は久々に一人で四合瓶一本空けてしまおう。

二〇一八年六月

浅賀祐一

義侠
縁
義侠
縁
義侠
縁

装丁・神長文夫＋坂入由美子
本文写真・北川友美

浅賀祐一　（あさが・ゆういち）

静岡県立富士高等学校、立教大学法学部法律学科卒、アパレル企業勤務を経て編集プロダクション入社。小学館『TeLePAL』ほかテレビ情報誌の編集制作を中心に、雑誌や web コンテンツの制作に関わる。2011 年からは書籍編集も兼務。2017 年独立、トータスブレイン合同会社代表。2016 年 4 月～ 2017 年 9 月、小学館のエンターテインメント情報サイト『テレビ PABLO』にて年中無休デイリー更新のコラムをペンネーム亀井徳明名義で執筆。本名では本書が初の著作物となる。

畢竟《ひっきょう》の酒《さけ》「義侠《ぎきょう》」の真実《しんじつ》

2018 年 7 月 30 日　初版発行

著　者　浅賀祐一
発行人　佐久間憲一
発行所　株式会社牧野出版
〒 604 － 0063
京都市中京区二条油小路東入る西大黒町 318 番地
電話 075-708-2016
ファックス（注文）075-708-7632
http://www.makinopb.com
印刷・製本　中央精版印刷株式会社

内容に関するお問い合わせ、ご感想は下記のアドレスにお送りください。
dokusha@makinopb.com
乱丁・落丁本は、ご面倒ですが小社宛にお送りください。
送料小社負担でお取り替えいたします。
 ISBN978-4-89500-221-9